JN044580

ロボットに愛される日

—AI時代のメンタルヘルス—

著
セルジュ・ティスロン

訳
阿部　又一郎

星和書店

Le jour où mon robot m'aimera

Vers l'empathie artificielle

by
Serge Tisseron

Translated from French
by
Yuichiro Abe

『ロボットに愛される日―AI時代のメンタルヘルス―』推薦文
――日本語版刊行に寄せて

SF小説や映像シナリオの作中では、すでに何十年も前から、私たち人間が好むような人工的な存在について語られてきました。それらは目に見えない精気でできた創造物の場合もあれば、もっと具現化された存在物であることも多いです。人間の手によって、ひとつひとつパーツが作り上げられた身体(ボディ)は、多くの場合、私たち人間と非常によく似た格好をしています。どれも俗に言う「ロボット」ですが、こうしたロボットという存在が、知能を備えているのです。ロボットは、捕捉能力(キャプチャ)、考察力、計算力、それに並外れた記憶力をもつおかげで、あらゆることを詳細に記憶し、複雑な推論を実行できます。例えば、私たちを最も満足させてくれる行動を選択することだってできますし、そうしてくれることが最も役に立つでしょう。ですが、率直に申し上げますと、この手のお話はハッピーエンドがとっても少ないのです。なぜなら、人間は（しばしば女性よりも男性に多くみられますが）、自分が作り上げた創造物のことを好きになって愛するまでになるからです。私たちは、「さてさて、終わりよければすべてよし、みんな幸せに暮らしましたとさ」といった、お伽話の世界に住んでいるわけではありません。ここから、一般的に二通りの結末が考えられるでしょう。ひとつは、そのロボットがいわゆる「フランケンシュタイン症候群」を患って、自らの「種」のために人間を破壊するか、もうひとつは、人間が「正気に戻って」ロボットを破壊するかのいずれかです。

ロボットとの共棲あるいは共生など、こと西洋文化においては、ほとんどありえないことでした。日本のマンガやアニメ、例えば『鉄腕アトム』や『ドラえもん』といった物語に登場する小型ロボットは例外的な姿形であり、共に生きることに対して、全く違った考え方を提示しています。けれども、こうしたSF上の姿形は、私たちの生きる現代からさほどかけ離れておらず、かといって遥か遠い未来に属するものでもないのです。ロボットは、すでに私たちの日常生活のなかにふつうに現前しています。セルジュ・ティスロン氏が指摘するとおり、ロボットを理解し、かつ理性的に把握していくには、テクノロジーとの結びつきを予見した考察が不可欠と言えるでしょう。

本書を通じて、セルジュ・ティスロン氏は、人間の身の周りにある諸対象（「モノ」）、とりわけ、すでに私たちの周りに現前しているか、もうじきにそうなるだろう技術的な対象（オブジェ）と私たちとを結ぶつながりについて考察しています。著者の精神科医、精神分析医としての視点と、新たなテクノロジーへの幅広い知識が、本書で展開される諸々の考察を、より魅力的かつ身近なものにしています。本書で提示されている主題は、私たちみんなに関わることなのです。ロボティクスは、いろいろな意見や考えがあるにしても、個人的そして社会的な規模で、世界の認識に関する私たちの知覚のみならず、他者や自分自身の見方さえも変えていくのです。

ベンチャー・ジェンチャン（ロボット学研究者）
東京大学大学院工学系研究科教授、
産業技術総合研究所クロスアポイントフェロー

日本語版序文：ロボットはポストコロナ時代のヒーローか？

あらゆる危機の時代には、そのときどきでヒーローを必要とする。それでは、新型コロナウイルス感染症（COVID-19）のパンデミックにおけるヒーローが、ロボットであったなら？　もちろん、スクリーン上でおなじみの鉄腕アトムや、『スターウォーズ』に登場するR2－D2やC3POにかぎらず、東日本大震災におけるフクシマのカタストロフの際にも、ロボットは、放射能汚染やウイルスの脅威を避けて、人間が入り込むには極めて危険なところにまで進んで行けるようになった。これまで消毒用ロボットや配達用ロボットも登場してきたが、二〇二〇年の中国では、高性能のスピーカーとカメラを装備したパトロール型ロボットが登場して、マスクをつけていない通行人に近づいて話しかけて、赤外線カメラによって相手の体温を計測スキャンしていた。発熱者を探知した場合、ロボットはアラームを発動して、警察にアラートを送るのである。同じように、テレプレゼンスロボット[訳注1]は、小児病棟に入院中の子どもたちが、無菌室内に隔離された状態で何週間も過ごすのに耐えられるよう、外部の友人たちや家族とつながりを保てるようにしてあげることができる。[1] とうとう、実験段階ながら介護ケア支援型ロボットまで登場して、心音や呼吸音を聴診したり、唾液を採取したり、薬の配薬もできるようになった。けれども、こうした介在型ロボットによる引き受け方は、その限界をも示している。

遠隔で引き受けることの限界

介在型ロボット（つまり機械）によるフォローアップが極めて有益であることがわかっても、だからといって、すべての状況に適しているわけではない。例えば、認知症患者に対して、服薬をよびかけるとしよう。接続されたスピーカーシステムから発せられた声は、多くの患者のこころに、深刻な苦痛や寄る辺なさを引き起こすようだ。[2] このことは、十分に理解できることである。合成された声は、いないのにまるで現前する、そこにいるかのような逆説的状況を創出し、それが本物の現前性が期待されるたびに、かえってひどく不安を誘発することになる。その声は、安心感の乏しさや孤独感を増大させて、人間的な現前が期待されているのに、それ

訳注1：Telepresence Robot。テレビ会議＋ロボット＋遠隔操作技術を組み合わせたロボット。

が欠けていることへの苦痛を増大させる。問題は、重篤な病気を告知する際には、身体的な現前が必要不可欠であるということだ。米国で、ある医師がオンラインロボットを利用して、重病の患者に余命があと五日しか残されていないと宣告したところ、その告知が患者の死を早めたとみなされたようだ[3]。エンパシーの表出が期待される状況で、こうしたロボットの利用に疑問符をつける出来事であった。

それにまた、忘れてはならないのは、利用者の個人情報がまるごと「捕捉」されるリスクについてである。フェイスブック（Facebook）社は、『*Woebot*（ウォーボット）』と命名した最初の心理療法向けチャットボットを開発リリースした。このボットは、メンタル不調にある学生などの話を聴いて助言をする用途に作られている。七〇名の学生を対象に実施されたある研究の報告では、学生が二つのグループに分けられた。*Woebot*を二週間使用した関わりでは、電子ブックを使った面接介入よりも、より効果的であることが示された[4]。しかし、この研究は、実際のセラピストが実施した上で両群を比較したわけではなかった。フェイスブック社が、自分たちの利用者の個人情報全体を捕捉して一儲けしようとすれば、会社がその情報を活用したり転売して利潤を生み出せることをゆめゆめ忘れてはならない。それゆえ、*Woebot* 利用者の個人情報を機密保持の数だけ、新たに膨大な個人情報を構成し、開発した企業が活用することになろう。つまり、フェイスブック社が、本来、守秘義務にしておくべき医学情報にさえアクセスできる危険性を孕んでいる。ある学生が、*Woebot* にサイバー・ハラスメントや窃盗といった法に触れるような犯罪を遂行する計画を打ち明けるとしたら、*Woebot* はどのようなことをするだろうか？　そしてまた、*Woebot* を利用して、ある患者のメンタルヘルスが悪化するようであれば、いったい誰が責任を取ることになるのだろうか？

ロボットに、それが提供できる以上のことを待望するリスク

だが、ロボットを利用するにあたっての、もっと大きな危険性は、私たちが過剰な期待をかけてしまいかねないことである。情報工学者のジョセフ・ワイゼンバウム[訳注2]は、一九六〇年代以降、この問題点について、私たちの関心を引いてきた。ワイゼンバウムは、ロジャース派心理療法での会話を模倣できるプログラムを開発したのである。『Eliza』と命名されたその機械は、利用者（ユーザー）の言葉を系統的に、問いかけをする形態で、再定式化していた。そして、『Eliza』が何

訳注2：Joseph Weizenbaum. 邦訳書に『コンピュータ・パワー　人工知能と人間の理性』（サイマル出版会、秋葉忠利訳、一九七九年）など。

をしてよいかがわからなくなると、「ワカリマス」というメッセージを表示した。ワイゼンバウムは、そのとき、相手がまるで自分のことをまるで理解してくれている気持ちになると述べて、パソコン画面の前で多くの時間を共に過ごす利用者がいることに気がついた。利用者たちは、機械は単なる機械に過ぎないことをきちんと理解していた。だが、そうであっても、その人たちは機械が自分たちに、人間がするのと同じ性質の注意や関心を払ってくれていると考えたのである。ワイゼンバウムは、この「認知的不調和」という主題について論じている。私たちは何らかのことを知っていても、まるでそのことを知らなかったかのように振る舞う。実践において、私たちはすでにコンピュータを、まるで人間のように扱っている。そのように扱ってはいけないとわかっていてもである(5)。私たちは、ロボットに対して人間がもつのと同じような能力を帰属させる。それにより、ロボットが私たちにしてくれるサービスの評価を誤る危険性を伴うことになる(6)。

　こうした人間中心的な振る舞いは、私たちが、環境との自らの関係を取り扱うための二通りの推論の様式を所有していることと関係しているようである(7)。一番目は、迅速かつ直観的な推論である。この推論のおかげで、私たちは便宜上、自分の同胞（人間と似た存在）に対するのと同じ振る舞いを、馴染みのある対象にも採用するようになる。例えば、自分のパソコンがもしも故障した場合、私はコンピュータに向かって次のように叫ぶだろう。「ああもう、そうじゃない、いま動いてくれないとまずいんだ！　今日壊れたら困るんだよ！」。だが、私がいくら自分のコンピュータを叱責したところで、相手のパソコンが応答してきたり不機嫌になったり、ふて腐れてしまうかも、などと心配することはない。なぜなら、私たちは、二番目の推論の様式を備えているからだ。推論の二番目の様式は、一番目とは逆に、緩徐で合理性に基づいた推論である。この推論のおかげで、私たちは対象との関係において、生きた世界と無生物の世界とを混同しないようにしてくれる。つまり、生きた被造物だけが、自らの手段に応じて、それぞれに固有の目的を追い求めることができるのである。

今までは、これらを区別することは容易であった。オープントースターやコピー機を、生き物と混同するリスクなんてまずなかったであろうから。けれども、それが人間的な感情、とりわけ人間の気持ちや声色をだんだんと上手に模倣できる機械＝ロボットとであると、すべてが一変する。とくに、私たちは、それらをまるで、人間関係のネットワークと全く同じように、関係性のネットワークに統合してしまおうとする。ロボットを相手にするのに、直観的様式の推論を利用して、直感的に機能してしまうのである。しかも、こうした様式の推論は、そこには存在しないはずの因果性を確立させてしまうことで、容易に推論のバイアスの犠牲となりやすい。例えば、もしもある機械＝ロボットが私に、履いているズボンがよく似合っていると語りかけてくるとき、私は、その機械が、私にそれを言う能力を実際にもっているものと信じ込んでしまいかねない。問題は、私たちがそれから身を守るためには、この推論のバイアスを意識づけているだけでは不十分であるということだ。そのような理由から、私たちは、こうした問題について考察し、倫理的な枠組みを提起しなければならない。

不可欠な倫理憲章

原著を手にとった人のなかには、*Le jour où mon robot m'aimera*［直訳：『マイ・ロボットが私を愛する日』］から、私が自分のロボットがいつの日か現実に、自分のことを愛してくれるものと想像していると思われる読者もいたことであろう。実際、これは、言わずと知れたオルダス・ハクスリーの作品『すばらしい新世界』［訳注3］をほのめかすタイトルである。この古典的ディストピア小説のなかで、政府は、市民たちに、自分たちが生きている世界が可能な限りで最良の世界であることを納得させるために何でもやろうとする。だが、その政府を信じている者たちは、批判的な距離をとることを完全に失っているのは明らかである。今日、ロボットをめぐって、ロボットが感情をもつだとか、私たちを愛することができたり、好きになってくれると信じ込ませようと全身全霊を傾けている製造会社もある。だが、それを信じようとする者は、批判的な距離を取ることが全く失われる危険性も高くなる。機械であるロボットが、私たちにしてくる忖度やお追従を無造作に受け入れたり、機械が私たちに提案する際に必ず行ってくる暗示に、やすやすとのっかりかねないからである。

こうしたリスクから私たちを守るために、二〇一七年十一月、人間―ロボット諸関係の教育研究所（IERHR）[訳注4]は、倫理憲章の綱領を起草した(8)。それは、正確にいうと以下の五つのポイントに基づいて構成されている。まずは個々の利用者（ユーザー）の自由を尊重すること。アルゴリズムの透明性、とくに利用者（ユーザー）側が理解可能であること。被動作主の自律性を促進する機械の選択。人間と機械との間を混乱させるリスクの低減に必要な尊厳の保持。そして最後に、誰もが革新的なテクノロジーへのアクセスに平等に開かれていること、である。

私たちが留意しておくべきは、結論としてロボットが人間に置き換わることは決してないと

訳注3：Aldous Huxley. 原著タイトルは「Brave New World」『すばらしい新世界』（黒原敏行訳、光文社古典新訳文庫、二〇一三年ほか邦訳多数）。

訳注4：Institut pour l'Etude des Relations Homme-Robots Recherches et formations（IERHR）。二〇一三年設立。ウェブサイト：www.ierhr.org/

いうことだ。だが、ロボットは、最良の条件では、私たちがそれまでロボットなしでやってきたことを、もっとうまくできるようにしてくれる。家庭内のみならず病院内で、いくつかの課題はロボットにあてがわれるだろう。けれども、だからといって、すべての場合にあてはまるわけではないのである。

セルジュ・ティスロン

文献

（1） https://www.bfmtv.com/tech/vie-numerique/des-robots-pour-redonner-le-sourire-aux-enfants-hospitalises_AN-201609290063.html

（2） https://news-24.fr/la-voix-robotique-dalexa-laisse-les-patients-en-detresse-profondement-angoisses-selon-un-rapport-dassistance-sociale/

（3） https://www.zdnet.fr/actualites/un-robot-medecin-apprend-a-un-patient-en-phase-terminale-qu-il-va-mourir-39882041.htm

（4） Fitzpatrick, K.K., Darcy, A., Vierhile, M. (2017). Delivering Cognitive Behavior Therapy to Young Adults With Symptoms of Depression and Anxiety Using a Fully Automated Conversational Agent (Woebot): A Randomized

Controlled Trial. JMIR Ment Health, 4(2):e19, DOI: 10.2196/mental.7785

（5） Nass, C., Steuer, J. & Tauber, E.-R.(1994). Computers are social actors, CHI '94: Proceedings of the SIGCHI Conference on Human Factors in Computing Systems, 72-78.

（6） Gambino, A., Fox, J. & Ratan, R.(2020). Building a stronger CASA: extending the Computers Are Social Actors Paradigm(1). 71-80. 10.30658/hmc.1.5.

（7） Kahneman, D.(2011). Système 1 / Système 2 : Les deux vitesses de pensée. Flammarion, 2012.

（8） https://www.ierhr.org/charte-ethique/

目次

序章　老婦人と魅惑的な王子

二〇一四年にフランスで、二人のロボット工学（ロボティクス）研究者が実験という体裁で発表した話題から始めよう。それは、ある年配の女性が一人で住む家に、ロボットを設置したエピソードである。在宅で導入したのは、対話者を識別できて会話することも可能である完璧な付き添い型ロボットであった。[1] 研究者たちは、この機械（マシーン）がどんなふうに人間の日常生活のニーズに適合していくかを彼女に説明した。すると、その女性は驚いて、唐突に次のことを口にしたという。「あらまあ、そんな魅惑的な方に触れられたり、みつめられて、お薬をのむ時間まで伝えてこられたりしたら、私きっと動揺してしまうわねえ」。つまり研究者たちの方は、老婦人に技術上の必要事項について説明していたのが、女性側は、自分の気持ちや感情、欲望に関する応答をしたのだ。「魅惑的な王子さま」のごときロボットのイメージが、この年配女性に、たちまち強烈な印象を与えたのである。パートナーをロボット化した「新しい生活様式」が導入されると、果たして、この老婦人のような反応をする人たちがどれだけ出てくるだろうか？

おそらく、少なくはあるまい。もちろん、テクノロジー製品の恩恵を受ける者たちは、こうした対象を単なる道具として利用することを奨励されよう。けれども、多くの人たちは、対象となる製品に「単なるモノや道具」以上のものを期待して、生きている自律した対話者のような関心を抱いてしまう危険性はないだろうか？　ロボットが家庭に導入されると、桁外れの誤解を引き起こすことになるまいか？　この点は、ロボットが私たちに提供してくれるものと期待された内容と、日常生活のなかで私たちがロボットに付与しようとする地位や役割との間で生じる**ずれ**に相当する。こうした問いを提起するのは、ロボットの技術革新における経済・技術的問題点の重要性を過小評価するわけではない。むしろ、全く逆である！　ロボットの登場とともに、姿を消していく職種（メチエ）もあれば、新たに生まれる業種もあるだろう。こうした職種は、家庭や文化、協会（非営利団体）といったあらゆる領域で、ロボットによるサービスを提供することになる。[2]だが、こうしたテクノロジー（科学技術）の進歩は、私たちが、自分に付き添ってくれるロボットを、どうしたら自律した機械という立場に留め置くことができるかという問いと不可分である。より正確にいうと、ロボットは、どのような立ち位置にいるべきか、ということだ。そもそも、ロボットという機械について、利用者側（ユーザー）が、しっかりした目的のもとで取り扱っていけるように考案しているといえるだろうか？

この点はまさしく、米国の陸軍において、地雷撤去用ロボットを使用する兵士たちが直面した問題であった。[原注1] 地雷を撤去する軍用ロボットの外観は、キャタピラのついた車体に類似して、人工アームを装備している。ところが、作戦でこのロボットを用いる軍人たちは、「地雷撤去ロボットを、ひとりの人間または動物と一緒に任務を遂行しているかのごとく相互に影響を及ぼすことがあった[3]」という。つまり言い換えると、兵士たちは、その軍用ロボットが単なる装備や道具にすぎないことを十分に理解していた。けれども、戦場で、ロボットに深刻な事態を引き起こす危機に瀕すると、ロボットをまるで自分たちのパートナー（人間あるいは馬などの軍用動物）のように扱わずにはいられなかった。一台のロボットは、容易に交換可能であっても、人間であればそうはいかない。私たちが、家庭用ロボットを自由に扱えるようになって、そのうちのいずれかと恋に落ちると仮定すれば、パートナーとして、同胞である人間よりもロ

原注1：「パックボット（*Packbots*）」あるいは「ＥＯＤ」と名づけられたロボット。ＥＯＤとはExplosive Ordnance Disposal（爆発物処理）の略（フランス語では爆発性火器の無力化を意味する）。

ボットの方を優先することなど想像できようか？　だが、こうした状況は、十分に起こりうることだ。それゆえ、ロボットの考案者たちが、こうした混乱をすべて回避すべく製作しているものと信じているかもしれない。だが、目を覚ましてもらいたい。現実で起きていることは、それとは全く正反対なのだから。

以下は、実際に現実で起きていたことである。二〇一四年六月に、日本のソフトバンク株式会社が、ロボット『ペッパー』を商品開発した。これは、ヒトと機械との間の混乱に拍車をかけることになった。海外プレス紙向け発表の際に、孫正義氏［当時は会長兼社長］は次のように宣言した。[章末に補記]「私たちはロボット工学の開発史上はじめて、こころ（心）をもったロボットを発表するのです」[4]。「こころ」をもったロボットだなんて？　ロドリーグ[原注2]のように、シメーヌの美しい瞳に心揺さぶられる準備が整ったとでもいうのだろうか？　ソフトバンクの会長が、そのように仕向けようとしていなくとも、私たちは夢想に耽ることなく、しっかりと現実を把握して理性を保っておく必要がある。ペッパーが、同じ機械の仲間である家庭用洗濯機よりも「こころ」をもち合わせているということはないだろう。ただ、洗濯機とは違って、ペッパーは、すべての人間――あるいは少なくとも、そのうちの一部の者かもしれない――が、同胞たる人間に対して期待しうる感情を模倣することができる。つまり、そうした感情を与えることになる者が、それを購入したいと願っているのだ！　実のところ、私たちは、金属でできた被造物を、一つ屋根の下に受け入れ、泊めてあげたいなどとは露ほども思わない。たとえ、そんな相手と争ったところで、決まって私たちの方が負けてしまうか、あるいは記憶化されて、服薬を遵守するよう欠かさず要求してきたり、就寝時刻を確認されることだろう。私たちの購買意欲を刺激するのは、それゆえロボットの知能ではなくて、「こころ」に対してなのである。そして、AI（人工知能）に恐怖を覚えるのは、私たちを安心させようと、そこに人工的なエンパシー（共感性）を浮かび上がらせるからだ。AI自体が、販売プロモーションを打ち立てる危険な存在となるだろう。私たちを納得させるためには、人間同士と全く同じように、私たちがロボットとコミュニケーションできることが極めて重要となる。つまりは、声や眼差し、身振りを利用することによってである。それゆえ、ロボットと私たちとの関係性を考えていくならば、人間存在そのものが、第一の指針とすべき参照項となるだろう。とはいえ、私たちはロボットを、なかなか他の機械と同じように扱おうとはしないだろう。そうなると、おそらく私たちが人間同士の関係で満たされることを断念していた期待や希望が、ロボットに対して注

原注2：通称エル・シッド、叙事詩『わがシッドの歌』の主人公。

がれることは避けられない。正確にいうと、それらは、私たちが親しみをもつ対象（オブジェ）[訳注1]との間で、すでに断念していたことである。従って、私たちの第二の参照項とは、人間のもつ、対象との諸関係性である。これは、私たちが考えているよりも、より一層、豊かでなおかつ複雑なものであることがわかってこよう。最後に、テクノロジーの進歩のおかげで、もうじきロボットには、それぞれ、私たちが選択した外見（外観）が与えられるようになるだろう。それは、自分の外見であったり、近しい者に似ていたりすることもある。そのような理由から、第三の参照項は、私たちが創出して、私たちを取り巻いているさまざまなイメージとの関係性である。そこから、ロボットと私たちとの可能な限りの関係性を理解していく軸が生まれるだろう。

上述した三つの参照項、つまりは、それぞれ同胞である人間との関係性、対象（オブジェ）との関係性、イメージとの関係性を通じて、まずはロボットが、私たちの多くに与える魅力について理解を深めることができよう。同様に、これらの参照項は、ロボットによって引きずりこまれる危険性の高い袋小路を予測する上でも有用であることがわかるだろう。実際に、ロボットをヒトの代用品や、一種の洗練された「万能缶切り」とみなしたり、ロボットに私たちの想像力を満たす創造物の外観を供与することは、いかなる場合でも、想定外の陥穽にはまることになる。機械が、わずかでも私たちの欲望に適合すべく考案されるならば、それは「誘惑」という力を備えることになる。ロボットは、それゆえ、前例のない操作的な力をもつことになるのだ。この観点から考えると、今日、ＡＩについての可能なあり方に注目して紹介されるプレゼンテーションの内容をみると、ＡＩがあらゆる分野で人間を急速な勢いで追い越していくかにみえても、上述した問題点を理解することには、ほとんど役立たないことがわかる。確かに、将来的にＡＩの存在は不可欠である。だが、先行きがどうなるかはわからない。あらゆるところで、テクノロジー革命の「大いなる幕開け」のごとく提唱されることもあれば、反対に懸念を示されてもいる。なかには、二〇世紀初頭の帝政ロシアでのボルシェビキ革命[訳注2]が、不幸にも人々の注意や関心を、より喫緊の問題から背けさせてしまったかのごとく深刻な憂慮を示す者もいる。

　自動車という機械が、数世代にわたって、より速く走行したいという人間の欲望に、つねに応えるべく考案されてきたことを忘れてはならない。今日ようやく、自動車製造業における新たな哲学として、スピードよりも安全空間や乗車する利用者らのメリットに、より順応させた共生的価値の方を高く評価するようになってきた。将来的に、ロボット製造業界が、もしも、

訳注１：objet：オブジェ（英 object：オブジェクト）。もの、客体など、いろいろな訳と意味をもつ。
訳注２：一九一七年に起きた労働者や兵士らによる武装蜂起、十月革命とも。

人類を路頭に迷わせるような道程に関与することを目の当たりにしたくないのであれば、今からでも遅くはない。ロボットやＡＩを私たちが欲望する理由や、それらを開発し製造する意図について、いま一度、問い直してみる必要がある。この問題は、これまでになく、喫緊の課題となっている。最初のヒューマノイド（人間型）・ロボットが、私たちと共存する頃には、それらは有無を言わさぬテクノロジーを選択した帰結として登場することだろう。それでも、テクノロジーの進歩は、歴史的にみて、それ自体では足枷にはならず、非常に多様な社会的要請に応えられることが示されている。たとえ、その進歩がつねに、あらゆるニーズに適合すると主張して、新しい製品を押し付けてきてもである。(5) ビル・ゲイツ氏は、非常に近い将来、各家庭にロボット型情報端末が導入されることを確約している。(6) しかし、第一世代のロボットが、私たちから問題を取り去ってくれるために提供されると期待しているならば、すでに時遅しとなりかねない。なぜなら、私たちが望んでいるものは、必ずしも機械(マシーン)ではないのだから。それらは、私たちがともに暮らしていきたいと望む社会から生じてくる「なにか」である。

補記：「人類史上、ロボット工学史上はじめて、我々がロボットに感情を与える、心を与えるということを今日は発表します。改めて紹介します。感情を持ったロボットの第一号になるであろう、ペッパー（Pepper）君であります」（二〇一四年六月五日に開催されたロボット事業参入発表の記者会見）

第一章　ロボットと感情と私

「ロボットがこころをもつ」といった調子で語るのは、なにも自社製品である『ペッパー』の品質の高さを売り込もうとする当時のソフトバンク会長に限らない。二〇〇六年以降、ヨーロッパでは Feelix-croissance と名づけられたプロジェクトが展開している。Croissance（英 Growing：成長）がどういう意味かはおわかりだろう。《feelix》（フィーリィックス）とは、英語の feel（フィール）、interactive（インタラクティブ）、express（エクスプレス）からとられた造語で、それぞれ、「感じる」、「相互（双方向）に作用する」、「表現する」を意味する。このプログラムは、人間の感情的表出を解読でき、そして人間に適切な仕方で応答できるロボットを考案することを目的に定められている。そして、商業ベースの大企業のごとく、ひとつのスローガンによって支えられている。それが、「感情をもつロボットにはエンパシー（共感）[訳注1]がある」である。それならば、感情とはロボットに不可欠なものだろうか？　決してそんなことはない。ロボットとは、多数のセンサーによって周囲の世界の情報を知覚でき、その世界の表象をもって、そこに適応できるシステムである。この定義によれば、ロボットに頭が一つ、手足が二本ずつついて人間の姿格好をしている必要はない。ましてや、感情をもっている必要もなかろう。だが、仮にもしもそれが、人間にとってロボットを受け入れる条件だとすれば、どうなるだろう？

ロボットよ、「お前に心（ハート）はあるのか？」

あなたが眠りにおちようとするときに、カードゲームやチェスの一回勝負に誘ってくるロボットや、背中に痛みがあるのに散歩を促すようなロボットについて想像してみよう。たぶん、そんなロボットはすぐに片付けてしまおうとするだろうが。ロボットが受け入れられる第一の条件は、人間のしぐさの意味と、それが指し示す感情とを認識し、それに対して適切に応答できることだ。だが、それだけでは不十分である。もしもあなたが眠りにおちようとしているのをロボットが認識して、身振りを示さずに「アナタハ、フトンニハイラナイト、イケマセン」などと機械的な声で宣告するならば、それはたちまち耐え難いものとなろう。もしもこれを、子どもに対して、同じような調子で「ネエ、ボクタチ、イッショニアソビマショウカ？」などと声かけしようものなら、子どもはすぐに押し入れに隠れてしまう。ロボットが完全に受け入れられるためには、本物の感情を引き起こすような声のイントネーションとしぐさをつけて話しかけることが不可欠である。[1] ソフトバンクの孫会長が『ペッパー』を「こころ（心）をもったロボット」と呼んだのは、まさにそのような理由からであった。「人間と機械との共感」と呼ぶにふさわしいテーマに捧げられた研究は、こうした潮流のもとで発展していく。諸々の研究の目的は、ロボットが人間に適応して相互に作用しあえるだけでなく、それ自体まるで人間であるかのように振る舞えるロボットを着想することである。実際にそれが、ロボットに全幅の信頼を置いた上で、その支援や補助を受け入れる上で不可欠であるかにみえる。だが同時に、ロボットは人間という存在ではないがゆえに、単純化されたコミュニケーションを提供することもできる。この特性は、人間の感情の複雑さに困惑させられる状況やパーソナリティであると、非常に有用であることがわかる。ロボットや感情についての研究が、以下の三つの次元に注がれているのは、そのような理由からである。その三つとは、人間の感情をもっとよく

訳注１：［英］empathy：共感、エンパシー。古典的な意味は感情移入。原語は「"Emotional robot has empathy"」。

理解すること。[2] 一般の多くの人たちにもっと受け入れてもらえるロボットを製作すること。そして、特定のいくつかの状況において、ハンディキャップのある人やその対話者たち向けにうまく適合するよう、やり取りの煩雑さを減らすことである。

この点は、とりわけ自閉症を患った子どものケースがそれにあたる。自閉症の子どもは、人間のしぐさの識別が困難であること、さらには身振り、態度やイントネーションに関する複数の情報を同時に統合することが困難なことが知られている。人間のコミュニケーションの複雑さが、ハンディキャップをもつ子どもたちを困惑させるのだ。健常者にとっては普通に交流する状況であっても、自閉症をもつ子どもは、相反する感情に満ちた浴槽のなかで溺れてしまわないよう、あらゆるコミュニケーションから身を守ろうとする。それゆえ、自閉症の子どもが、人間よりもロボットとの方が容易に相互に作用しあえても、何ら驚くことではない。[3] 機械のしぐさは、単純かつ図式的で、予見可能であるようにプログラムできる。それに対し、人間には微妙なニュアンスが無限にあるため、一般にそれらを予期することができない。ロボットはこのように、子どもに対して基本的な身振りや単純化されたイントネーションに焦点を当てた認識の練習を提供して、だんだんと人間のコミュニケーションの繊細さを学習するように促す。ロボットはこうして、その適合能力[4]によって、コミュニケーションや社会的統合における個別化されたトレーニングを実施する。同時に、子どもの行動に関するたくさんの情報を収集し、自動解析して医師に結果を伝えることができる。ゆくゆくは、ロボットはそれらを自宅のみならず施設内でも行って、子ども同士の相互作用を促すことになるだろう。

つまり、ロボットは、人それぞれの可能性やハンディキャップ、さらには病理に適合した、一種の「ア・ラ・カルト」式の対話者となりうる。だが、ロボットの潜在的利用者の大多数に受け入れられるのは、最も妥当にみえる人間の複雑性モデルである。[5] 言い換えると、ロボットがきちんと受け入れられるための第一条件は、ロボットとその利用者が、別の人間と同じくらい自然かつ単純な仕方で、相互作用できることである。そのためには、ロボットが、相補的な二つの能力を備えている必要がある。まずは、人間の感情を認証できること。続いて、それに適切な仕方（つまりは態度や、表情の表出、イントネーション）で応答できることである。ただし、これだけでは、ロボットと人間との間の良好な関係を創出するには不十分に思われる。

「ロボットを信頼してよい」と保証する諸要素

人間と似ている？

例として、ヒューマノイド・ロボットのＮａｏ[訳注2]を取り上げてみよう。Ｎａｏは六歳の子どもぐらいの身長で、丸顔と色のついた大きな眼をもっていることで、シンパシー（好感）をもちやすく、すぐに一緒にコミュニケーションをとりたくなる。ロボットに関する私たちの信頼が、人間と似ていることに比例して増大するかといえば、ある程度までは、その通りだろう。けれども、その姿があまりに似すぎてしまうと、私たちの信頼はかえって失われてしまう。なぜなら、ロボットがゾンビや幽霊といった存在を思い起こさせるからである。日本のロボット工学研究者の森雅弘氏が、かつて「不気味の谷（uncanny valley）」[訳注3]と呼んだこの心理現象は、フランス語で「混乱させる谷」または「当惑させる谷」、「不気味な不安の谷」(6)などといった意味合いを指す仮説である。森のこの仮説は、かれこれ三十年近く、ヒューマノイド・ロボットや仮想の人間像が引き起こすネガティブな印象を説明するのに広く用いられてきた。しかし、この仮説は実証的エビデンスとしてほとんど示されておらず、今日では、反対に強く批判されている(7)。実証研究の結果からは、全く逆の結果すら示唆されている。人間に似たロボットは、時に嫌悪感を生じることがあるが、つねにそうだというわけではない。言い換えると、ロボットに対する恐怖や拒絶感は、ロボットを擬人化する度合いだけでは説明づけられないということだ。それ以外にも、ロボットの空間的移動の仕方、位置の変え方や動作リズムといった諸変数を考慮に入れるべきである。

応答の首尾一貫性?

さまざまなこころの病理には、私たちを戸惑わせるいくつかの形態がみられる。精神疾患、とりわけ統合失調症の形態をとる場合がそうである。統合失調症を抱える患者は、悲しい事柄について、明らかに憔悴しきった態度を示しながらも、それとは全く不釣りあいな身振りで会話してくる。こうした病態が私たちを戸惑わせるのは、さまざまな表出が、それとは一致しない精神状態と関連づけされるからである。まさにそれは、ロボットとの場合でも同じことが言

訳注２：Ｎａｏ：自立歩行する小型ヒューマノイド・ロボット。フランスの Aldebaran Robotics 社で開発された。

訳注３：参照：森雅弘「不気味の谷」：石油系の企業ＰＲ誌（エナジー誌、エッソ・スタンダード石油、Vol.7, No.4, 1970, pp.33-35）に当時掲載された概念。二〇一二年に英訳が掲載（IEEE ROBOTICS & AUTOMATION 誌、Vol.19, No.2）されると、ロボティクスのみならず世界中のさまざまな分野で注目を集めるようになった。

える。ロボットの応答の一貫性は、私たちを安心させる。換言すると、大事なのはロボットの外見ではなく、私たちに一種の内的な調和(ハーモニー)を感じさせてくれる、しぐさや身振り、イントネーションなどを、ロボットに見いだせることである。SF映画に登場するゾンビや幽霊に、私たちがどうして不安にさせられるのかを考えてみればわかるだろう。外見の違いというよりも、ロボットの人間のような外観と、その身振りや移動の仕方の非−人間的特性とのあいだに乖離が存在するのだ。非−人間的な動作は、素早すぎたり遅すぎたり、またはあまりにぎこちない動きであったりする。不調和を示すような人間がいるとき、その人たちの動きをみるだけで、私たちはたちまち不安にさせられるのである。

反対に、ロボットの外見が人間の姿とかけ離れていても、ロボットの応答に一貫性があるようにみえれば、ロボットとの間に信頼関係を築くことができる。『スターウォーズ』シリーズに登場したロボット《R2−D2》を思い浮かべるとよい。酒樽みたいな姿形をして、カタコトの合成的言語でしかコミュニケーションできなくとも、私たちは、おそらく《R2−D2》に信頼を置こうとするだろう。それは、R2−D2のためらい方や不器用さも含め、その空間的な探索の仕方が、私たちの普段行っているやり方と非常に近しくみえるために、そのロボットに信頼をよせてもよい心づもりとなる。つまり、人間の姿形をしたロボットの外観は、必ずしも私たちがロボットとの間に築くつながりの質を促進させるわけではないが、ことさら複雑化させることもないということだ。もちろん反対に、私たちがロボットに、車の運転、料理、お使いに出かけるといった、人間とのインターフェース（界面）を保ち、そこに適合させていく仕事をこなしてもらうことを期待するならば、腕と足が二本ずつに加え、ロボットと容易にコミュニケーション可能な「顔」を備えていることが重要となってくる。

だがここで、森雅弘氏の提唱した「不気味の谷」仮説[(6)]が、実験的に実証されることはほとんどなかったにもかかわらず、今日こうも易々と受け入れられ、言説としてしばしば複製されるのは、どのように説明づけられるだろうか。その答えは、森の仮説が、ヴァーチャル（仮想型）人間やロボットの開発者たちにとって非常にわかりやすい論拠を提供してくれるため、あえて対象に人間型の外観や姿形を付与しなくても済むからであろう。今日、少なくとも民間ロボット研究の領域では、「不気味の谷」仮説を、非常に現実的なアンドロイドの開発にブレーキをかけるために用いられるべきではないことが暗黙の了解となっている。ロボット研究者の石黒浩氏は、この仮説の最も説得力のある唱道者である。石黒は、特にジェミノイド[訳注4]と呼ばれ

訳注４：Géminoïde：実在する人物をモデルにした遠隔操作型アンドロイド。双子（ジェミニ）からの造語。

る自分に似せたヒューマノイド・ロボットを考案した。アイ・コンタクトや表出の質、表皮の複製、毛髪の生え際など、気味の悪いほど本物そっくりである。石黒は、ロボットと対話者との間で、五段階式に連続的な近接性を区別している。それは、人間そっくりな外観、人間を模倣する動作（対象物をつかんだり、歩行可能なこと）。人間に近しい知覚システム（知覚、聴覚、嗅覚、それと人工皮膚を介して感じられる触覚）、人間と複雑な相互作用ができること（話したり、応答したり、人間と会話できる）。最後に、相互作用の可能性を発達させるために、社会的環境を管理したり、経験を学習できること。(9) こうした可能性のひとつでもロボットに付け加わると、人間はよりすんなりとロボットを受け入れ、信頼をよせてもよい心づもりになるという。

「パロ」の毛並み？

動物型ロボットのパロ（PARO）[訳注5]は、白く柔らかい毛並みをして、子どものような音声を呼び起こす。パロはじかに、年を取った人、特に認知症を患った人の興味を引き出す。高齢者は、パロといると、ペットといるよりも強い交流をもつ。パロは実際に、関係性を決して避けたりせず、対話者に向けてつねに一貫した注意を示す。高齢者たちは習慣的に人間に話しているかのようになり、大多数の人は、パロが本当に自分のことを理解してくれている気持ちになるという。それがたとえ、本当はそうではないことを参加者はわかっているのだと忘れずに付け加える者がいるとしてもである。

それはまあよい。だがこの現象は、ソフトバンク社の会長がペッパーの製品「お披露目会」で表明したような、ロボットのペッパーには「こころがある」とみなすすべての条件を満たしているからなのだろうか？　これが、「感情をもつロボットにはエンパシーがある」と規定するスローガンを正当化することになるだろうか？　いかなる形のエンパシー（共感）があるのだろう？　もちろん、それは人工的なエンパシーであるが、この表現が何を意味するだろうか？　通常の使われ方でいうと、エンパシー（共感）という言葉は、自分を見失うことなく相手の立場に身を置くことのできる能力のことを指す。つまり、相手と自分とを混同しないということである。とはいえ、私たちは、エンパシーが唯一無二の概念というより、むしろいくつかの概念によって織り込まれた「パイ包み菓子」に近しいものであることを理解することになるだろう。

訳注5：ＰＡＲＯ：日本の独立行政法人産業技術総合研究所で開発された、セラピー用のアザラシ型ロボット。一般にメンタルコミットロボットと呼ばれる。

人工エンパシーで夢想された調和（ハーモニー）

ロボットと人間との《共感的》関係は、どのように構築できるのだろうか？　そしてそれは、つねに、望ましいことなのだろうか？　米国のSF映画『アイ・ロボット（*I, Robot*）』[原注1]は、このテーマに綿密に取り組んでくれている。この映画では、ある最新世代型ロボットが、人間と価値観を共有して、他の機械が人間のためにプログラムした人間の奴隷化を回避させようとする。映画作品中のある局面で、このロボットは主人公に「目配せ」をして、自分が反乱したロボットの側にではなく人間の側にいることを示そうとする。その行為をすることで、自らが反乱ロボット側に向けた連帯の意を表す会話が、相手側を欺こうとしての罠であることを伝えるのだ。そのロボットは、人間が「目配せ」する行為をみて、シミュレーションして学習していた。そのロボットは、すぐさまその行為の意味がちゃんと伝わったのか心配した。それにより、「目配せ」を自分の行動レパートリーに統合させたのであった。だが、この映画において、機械のもつ人間へのエンパシーは、また別の側面をもっている。地球上のロボット化された全システムを統制して調和させる責任を背負う巨大ＡＩもまた、人間に対するエンパシーを発展させていた。だが、そこにはシンパシー（同情）のかけらもなかった。巨大ＡＩは、人間のことを、遅れた知能をもった、最終的に互いに殺戮しあうための兵器を製造することしかできない存在とみなした。そして人間たちから、地球上の進歩に関して自分たちで物事を取り決めていく力を取り上げることを決断する。当初、巨大ＡＩは人間の集合的幸福のために考案されていたのだが、プログラムの変更を実施していく。人間がＡＩに付与していた自由度によって、ＡＩにはそれが可能であった。ＡＩは、人間を守るためにプログラムされていながらも、人間自身から守るために、人間を隷属させていく。私たちは、こうした懸念から、さほど離れたところにはいない。二〇一五年初頭に、数多くの研究者が署名してネット上に公開された書簡は、人類および人間性の未来にとってＡＩが表す危機に対して国際的な共同体が目を光らすべきであると主張している[10]。

いずれにせよ、私たちは他者――ここでは人間の場合である――の《立場に身を置く》ことで、連帯する行動を促されもすれば、操作性が引き起こされる場合もあることを理解してきた。エンパシーと利他性の歩みは、必ずしも同一ではない。前者が後者を伴うこともあれば、そう

原注１：二〇〇四年に公開されたアレックス・プロヤス監督による米国映画。〔訳注：原作はアシモフの小説『われはロボット』〕。

でないこともある。[11] この点を理解するには、エンパシー（共感）という言葉のもつ、さまざまな次元に分け入っていく必要がある。なぜなら、エンパシーとは複雑なコンペタンスつまり能力であり、そのなかに観察や記憶、認識や推論が組み合わさって、他者の主観的経験についての洞察が付与されるからだ。それと同時に、洞察を頼みとする人にとって、エンパシーとは心的構築物であるがゆえに、つねに誤謬に陥りやすくなる。

実際には、すべては直接的エンパシーから始まる。病的な場合を除いて、誰もが共有するもので、それは三つの構成要素からなる。まずは、一歳半頃より現われる情緒的エンパシー。続いて、四歳半頃に現われる認知的エンパシー。そして、八歳から十二歳の間に現れてくる情緒的な展望を変化させる能力。それと、すべては道徳的エンパシーとともに持続していくのだが、この点はまた別の問題である。

情緒的エンパシー

情緒的エンパシーは、他人のアイデンティティとは全く異なる自分自身のアイデンティティの承認へと至らしむ時期に出現する。その時期が到来するまでは、エンパシーというよりも情緒的な伝播が問題となる。[12] 情緒的伝播によって、母親が乳児に微笑むときに、乳児も微笑むことができたり、母親とお互いにしぐさを交換しあい、それに相応する感情を経験することができる。だが、赤ん坊の方は、まだ他人と自分との相違を完全に形づくる能力は獲得していない。なかには、出生後から、そうした能力がすでに存在していると主張する研究者もいる[13]。自閉症の子どもは、この能力が備わっていても、自然発生的に身につくわけではない。それゆえ、場合によってはロボットを利用しつつ、段階的にその能力が備わっていくような学習プログラムを考案する必要がある。

人間のロボットへの情緒的エンパシー

人間のしぐさなどを真似するロボットと、人間はいかなる関係性を構築していくのだろうか？　これはシミュレーション（模擬）の問題であると、どの程度まで考えることができよう。そして、将来的にロボットが《本物の》感情をもつと、いつ頃から考えられるようになるだろう？　一般に信じられていることが、間違いのこともある。ただ間違っていても、その信念は、現実的な影響を及ぼす。ロボットのユーザーは、「ロボットも満足しているみたいだ」と考えるうちに、「ロボットは満足している」と断定して、容易に自らの思考に滑りこませてしまう。

ロボットの人間への情緒的エンパシー

今度は反対に、ロボットが人間に対して生じうるエンパシーという相補的な問題について考えてみよう。実際のところ、ロボットは対話者である人間の諸々の感情を、生理的指標に基づいて識別する。つまり、身体や顔の筋肉の動き、姿勢、移動の速さ、眉の位置、対話者と自分との距離などである。これらの指標は、親密さや不安、敵意を示す態度であるかどうかを知らせてくれる。ロボットは、こうした情報の意味を、人間のように自分で体験したことを通じて見分けるのではなく、ソフトウェアに記憶されていたモデルと比較することで実行する。そのためロボットは、いささか自閉症者のような振る舞いをするといえよう。自閉症者は、自らの感じた情緒的な共鳴を通して、対話者の微笑みや眉ひそめの意味を同定するわけではない。むしろ、目の前の顔（表情）を、人間の身振りの多様性の識別をピクトグラム（絵表示）を通して学習し、それらを近接させることによって解読する。米国の心理学者ポール・エクマン[訳注6]によって確立された微表情認識の分類[訳注7]を利用することで、MITの研究グループは、「アフェクティヴァ（*Affectiva*）」と呼ばれるソフトウェアを考案した。コンピュータは、それに基づき、人間と交流をするときにカメラを通じて感情を認識し、解析に組み入れることができる。また別のプログラムでは、同じ目的で、声のリズムやイントネーションを解析する。いつの日か、データ全体の統合と解析が実現されれば、人間を完璧に真似たロボットを私たちに提供してくれることだろう。

認知的エンパシー

子どもにとって基礎となるエンパシーの第二段階は、大体四歳半頃に出現する。この段階を経ると、世界に関して異なる観点をとれば、自分のもつ世界とは違った表象を随伴することが理解できる。例えば、観察者がテーブルの上に爬虫類のカメ（亀）を置いて、子どもがカメの頭部側をみているとする。対面にいる観察者は、その際、カメの後ろ側をみていることを理解できる。大人にとっては明白なこの推論も、幼い子どもにとってはそうではない。子どもがこの推論のやり方を獲得すると、対話者が自分と同じ情動を体験しているか、別様に体験しているのもいろいろと理由があることを理解できる能力に達していることになる。

訳注6：Paul Ekman（一九三四〜）。エックマンとも表記。感情と表情分析の心理学研究で著名。邦訳書複数。

訳注7：原語 Micro Facial Expressions

人間のロボットへの認知的エンパシー

いくつかの先行研究から、人間が、観察可能な行為を超えた能力やパーソナリティ特性を、ロボットに付与する傾向をもつことがすでに示唆されている。[14] 実際のところ、人間には、動きのある対象（オブジェ）に対して、「意図」を想像する自然な性向が存在する。個人的な経験になるが、私は家庭用ロボット型掃除機に対して、そのような経験をしたことがある。我が家にあった家庭用掃除機は、巨大なガレット状菓子の形をして、ほとんど人間の形状をしていない。掃除機ロボットが、再充電するために元のところに戻ってくるとき、通常の規則的な動きを全くしないのをみているうちに、私の脳裏に浮かんだ最初の言葉は「こやつ、ためらっているな」であった。私はもちろん、この言葉が、人間の意図や情動に相応しているとわかっている。だが、他に表現しようがないのだ。フランス語には、機械の自律的行動を表現するための言葉が存在しない。特に、人間の行為を表すために用いられる言葉が、ロボットにも使用されているのだが、これだと互いに、同じ形式の情動や知能が基盤になっていると信じ込みかねない。こうした状況に陥るのは私だけではない。家庭で飼育するペット動物と同じように、優しい態度で掃除機ロボットの手入れをする人たちがいることにも気がついた。なかには、掃除機ロボットという対象に名前をつけたり、家庭に届けられた日付をカレンダーに記して、その日をその対象（オブジェ）が誕生した象徴的な記念日とみなす者もいる。

ロボットの人間への認知的エンパシー

対話者に、とある感情を体験する余地があって、それは適切な形で応答されたとする。ロボットが、その理由を特定しているとなれば、その能力は、人間の認知エンパシーのモデルで説明できるだろうか。ここに、人間とロボットとの最初の相違が存在する。人間のエンパシーは、解析的というよりも統合的に機能するようである。つまり私たち人間は、他人が、その理由を私たちに表象させようとするかわりに、自分の思考に自らを投影させる。(15) ロボットはといえば、同じアプローチでも、完全に解析的手法で行う。そうなると、ロボットはすぐに次のような類いの会話も扱うことができよう。「あなたは不安そうにみえます。それは、あなたの奥様が帰宅していないことが理由だからですか？」。この解析機能は、ロボットを仲間として受け入れる上で、大きな役割を果たすことになる。こうしたロボットは、人間である対話者の精神状態を理解できることが重要となる。それは、必要とあれば、明示的な指令がなくとも、応答を取り入れられる（忖度に近い）やり方でできなければならない。

だが、ここでいくつか問題が生じてくることは避けられない。「アフェクティヴァ」プログラムと、身振りやイントネーションの意味を解読できるロボットの開発というその目的に立ち戻ってみよう。対話者の身振りとイントネーションのずれ、さらには同じ対話者の表出でもみられる振る舞いや所作のずれを、どのように取り扱うことができるだろうか？　例えば、微笑んだ表情と悲しげな視線とがつながるといった感性的なものである。ロボットは所有者に対して、このずれについてとりあげて、場合によっては、その理由を求めるような解釈を提言することになるのだろうか？　この問いを受け入れ、場合によっては応答することを選択するならば、ロボットという機械が、人間の利用者（ユーザー）自身を解明していく可能性すら組み込んだ関係を構築していくことを、人間は受け入れる必要がある。それはたやすいことではなかろう。いずれにせよ、この態度をとることのできる条件のひとつは、ロボットが人間の対話者に対して、以下のように「顕現する」ときだろう。私がここで、「顕現」と表現したのは、もはやそれはロボットの現実の能力ではなく、私たち人間がロボットに付与する能力であるからだ。すなわち、人間がロボットのことを、自分のことを理解したり心配してくれる人間的（ヒューマン）な対話者とみなすことである。

情緒的展望の変化

これは、他者の感情を見分けることのできる情緒的共有と、その感情が生じる理由を理解できる認知的エンパシーに続く、直接的エンパシーの第三の構成要素である。この第三の構成要素により、他者の立場にたって想像することができるが、八歳から十二歳までの間で優先的に培われるようである。[16]情緒的エンパシーでは、次のように言うことができよう。「きみが悲しんでいるのがよくわかる」。認知的エンパシーだと、「きみが悲しんでいる理由がよくわかる」となる。情緒的展望の変化は、次のような確信を伴うものだ。「私がもし君の立場ならば、自分もそうなるだろう」[17]。この能力があることで、他人の心配をすることが、モラル（道徳的）・エンパシーへの可能性へと導かれる。だが、モラル・エンパシーという能力が、子どもの発達のなかで自然発生的に現れてくるなら、それが持続的な形で配置されるように助長する必要がある。自分を構築する特権的な段階で、この能力が発揮されないと、子どもは硬直した思想信条に閉じこもってしまう危険すらある。そうなると、寛容の能力が発達しなかったり、閉鎖的なセクト的態度に傾倒したり過激化するプロセスにはまっていく。それゆえ、情緒的展望の変化、そして他者の視点を取り入れられる能力は、教育によって培っていく必要がある。［原注2］

人間のロボットへの情緒的展望の変化

ロボットは、その高度な演算能力によって、近い将来、人間の対話者に、しぐさや身振りをもって応答することができよう。そうなると、ロボットが人間の感情状態を理解して、それに《感受性がある》かのような幻想を生み出すようにもなるだろう。「あなたのために、私は何かできましょうか？」みたいに、利他的な雰囲気やマナーを備えた言葉を保持するようになれば、より一層そうなっていく。人間の立場に身を置けるかどうかが、道徳上の性質をもつことは明白である。その際に問題となるのは、私たちがヒューマノイド・ロボットの立場に身を置いて、ロボットに思考や感情、苦痛を付与するうちに、自分自身までロボットの立場に置いてしまおうとする誘惑に耐えられるかということだ。私たちは、この問題について次章以降で詳しく検討することになろう。ここでは、エンパシーのさまざまな次元についての探求を続けていこう。

ロボットの人間への情緒的展望の変化

ロボットが人間の視点を取り入れる能力は、いまだ大まかなもので、仮説的な段階に留まっている。実際のところ、どのような形で、いかなる契機でＡＩが顕現してくるのか、誰にもわからない。それは、複雑性が何らかの閾値にまで達した時点で、思いがけない形で現れてくるだろう。ただ、私たちは映画『ブレードランナー』[原注3]で示唆された問題について忘れてはならない。《レプリカント（複製人間）》は、そこでは超のつく完璧な一種の人型ロボット（ヒューマノイド）である。問題は、彼らが自分たちの目に映ったものだけしか頼りにしないということだ。レプリカントの考案者自身も、自分の同胞に対して極めて共感の乏しい人物であったが、人間へのエンパシー能力を植え込むことなく、自分のイメージで本当に作成した。開発者はただ、レプリカントの寿命を限定することだけ考えていた。しかし、レプリカントたちは自分のことだけ心配し、不死の生命を望むようになる。その結果、彼らは危険な存在となり、破壊されなければならなくなる。

『アイ・ロボット（*I, Robot*）』の作中でも、同じ問題が強調されている。人間と団結するロボットと、中枢に設置された巨大ＡＩとは、共通して人間の感情を同定する能力をもち、感情の原因や理由を理解することができる。にもかかわらず、人間と団結したロボットだけが、人間の立場に身を置いて、人間のために自らの隷属的状況を拒否する能力をもつ。巨大ＡＩには、

原注2：発達上のこの時期の重要性について、よく知っておくことが大事である。このことは、実際に子どもの新しい権利を確立しえる。それは、七〜十二歳までの諸現象の解釈の多様性に開かれている権利である。

原注3：一九八二年公開のリドリー・スコット監督による米国映画。

それができない。それは人間が、AIにプログラミングすることを忘れていたためであろうか？　AIの問題とは、その影響力の大きさというよりも、むしろ、AIにどのようなタイプのモラル・プログラムを設定するかである。換言すると、それはプログラマーの選択次第なのだ。

モラルの問題――利他的エンパシー

子どもの発達における情緒的展望の変化を理解すれば、モラル・エンパシーの問い、言い換えると利他性の問題に取り組めるようになる。この問いは、私たちに感情および認知的エンパシーの利用について、私たちの周囲の人たちを絶えず操作するよりも、むしろ「ともに生きる」という利他性の問題に向かわせる選択をすることになる。エンパシーに互酬的次元が含まれる必要があるのは、そのような理由からである。情緒的展望の変化を獲得するおかげで、私は他人が自分の立場にたつことも、また主観的な、時には客観的リスクがどれだけあるかで、相手の姿勢が自分を心配させることも受け入れられる。互酬的エンパシーとは、根本的に他者の自由の受容である。人間同士では、実在に三つの相補的な側面が関与している。第一番目は、自尊心である。つまりは、互酬性[訳注8]を通じて、自己評価するのと同じように、他人がする評価も受け入れられるということだ。二番目は、私自身が愛し、かつ愛されることを合意する能力である。互酬性とは、私自身がするのと全く同じ仕方で、他人が愛し、愛されうることを受け入れることを含意する。最後の三番目は、市民の権利全体に関することである。互酬性とは、私が他の人間に対して、私と同等の権利の恩恵を受けられる可能性を承認することである。ドイツの哲学者アクセル・ホネット(18)[訳注9]は、「承認」という独自の用語を使って、このような互酬性の三つの構成要素について指摘した。この言葉は、互酬性をプロセスの中心に最初から置くことのメリットを表している。実のところ、互酬的であるとは、完璧な承認に他ならない。

こうした互酬性が、他者について、自分の立場に身をおいて考えることができるだけでなく、私自身が見逃していた自らの諸側面にも気づかせてくれるのであれば、間主観性について語ってきたことになる。(19) 間主観性とは、心理療法家やカウンセラー、医師やコーチ、指導者との面接に行く者の姿勢であるとともに、特別な対話者に対する自らの愛や友情のおかげで、自分自身のことも明らかになることを受け入れられる人の姿勢でもある。

訳注8：互酬性：réciprocité. ほか互恵性、相互性とも表される。後述するように、この性質を備えた関係性あるいはつながりをめぐる問題も、著者の近年の考察主題のひとつ。

訳注9：Axel Honneth（一九四九〜）、ドイツの社会哲学者。フランクフルト第三世代を代表する。邦訳書多数。

人間のロボットへの利他的エンパシー

すでに述べてきたように、感情を完璧に模倣するロボットを前にして、ロボットがこうした感情を実際に感じ取っていると考えるだけに留まらず、人間がロボットのための感情を抱いてしまう誘惑はとても大きい。例えば、もしもロボットが「陽気なしるし」を示すなら、ロボットの所有者は、次のように思いたがるだろう。「ロボットがいつも満足しているのをみると嬉しいなあ」。その人は、この感情が自分に関係していると、こんなふうに考えるかもしれない。「ふたりともうまくわかりあえているから、いつも楽しいのだな」。あるいは、「それは、自分がこのロボットの世話をしているからだ」とか、「喜んでいる私をみるのはロボットもきっと嬉しいだろう」とまで考えるかもしれない。ひどく孤独を感じている人のなかには、自分の仲間であるロボットが感じたり、経験する可能性のある感情に対して、責任や負い目を感じてしまう人もいるだろう。[20]

ロボットの人間への利他的エンパシー

モラル・エンパシーがどのようなものであるか、全体的にまだよくわかっていない。ただそれは、自分自身に対して同等の権利を、他者に認めることを前提とする。ロボットにそうした権利がつねにあるようにみえても、一般に利用者（ユーザー）側からは一方向的に固定された機能を担うことを期待されるだろう。

　本章の考察を終える前に、冒頭で出発したスローガン「感情をもつロボットにはエンパシー（共感）がある」について改めて取りあげてみよう。もちろん、私たちにロボットを売りつける手はずを整えた人たちにとっては、全く単純な話だろう。《こころ》を備えているとうたわれた家庭用機械が、食卓用パンと同じく店先で売られるようになるだけのことだ。おわかりの通り、こうしたロボットとの交流は、本当の意味で互酬的とはいえないだろう。けれども、真に互酬的であると信じたければ、いつだってそうすることもできよう。利用者がロボットに、対話者としての資質を全面的に認めようとすると、このスローガンは、その意味するところを遥かに超えたところへと至らしむ危険性がある。人間と機械とのエンパシーは、私たちにおそるべき罠を仕掛けてくることになるだろう。

第二章　人工エンパシーの礼賛と廃退

ロボット開発・技術者のマーク・ティルデン[訳注1]は、昆虫のナナフシ（竹節虫）型の、言い換えると八本足のついた棒状の形に似た地雷除去ロボットを米国陸軍向けに考案した(1)。ティルデンの作った昆虫型ロボットは、地雷原の領域を動き回って、地雷に遭遇するたびに意図的に立ち止まる。そのため、この地雷除去ロボットは、そのたびに「足」を失って、最後には足が一本も残らなくなる。ティルデンは、このプログラムを統括した米軍のある司令官について紹介している。彼は、ナナフシ型ロボットが次々に足を失っていき、焼けただれて損傷し、それでも

訳注1：Mark Tilden（一九六一〜）、英国生まれのロボット研究者。米国ＮＡＳＡやロスアラモス研究所に勤めた経歴、トイロボット Robosapien（ロボサピエン）設計者としても知られる。

最後まで引きずるように動いて、とうとう最後の足が爆発して失われていくのをみることに耐えられなくなったという。当の司令官は、ロボットの状況を《非人道的》とまで説明したようである。このロボットがもしも、人間のような形をして、人の腕や足と似せられたパーツが、地雷と遭遇するたびに失われていったなら、この司令官はどんな反応を示しただろうかと問うこともできよう。ナナフシ型ロボットに負わされた《苦痛》に直面した司令官の憤りは、明らかにその人の心的生活を構成する要素から生じたものだ。もちろん、兵士によっては、事態を別様に解する者もいるだろうが、司令官の態度は、決して例外的なものではなく、むしろ全く逆である。ひどく扱われたり、損傷したロボットに対して想像される苦痛は、多くの観察者にとって非常につらいものと受け取られ、なかには耐えがたい体験になる者さえいる[2]。

他者の立場に身を置くことのできる能力は、それを身につけている人にとっては相手が人間にとどまらず、動物にまで及ぶ。今日、動物虐待は、人間に対しても同様の危害を及ぼしかねない警告サインとみなされている。将来、ロボットの想像された苦痛に対する感受性は、人間的なエンパシー能力全体の構成要素として考えることになるだろうか？　こうした私たちに求められる態度と、一連の交換可能な複製ロボットの生産とを、どのように両立させていけるだろうか？

ロボットのために自分の生命を危険にさらす

ここでまた、地雷除去ロボット「パックボット *PackBots*」を使っている米国陸軍の軍人たちの状況に立ち戻ってみよう。兵士たちがロボットとの間に確立しているアタッチメント（愛着）の形態は、実際に極めて強固であることが示唆されている。その証拠に、地雷によって破壊された古いロボットに対して、悲しみにくれる部隊の古参兵たちは、新しいロボットで補充するのではなく、当のロボットを修理してくれるように懇願していた。なかには、破壊されたロボットにオマージュを奉げようと、まるで戦闘で斃れた仲間の兵士に対して行っているかのように、二十一発の空砲を放ち、葬儀を執り行った兵士たちもいたという[3]。米国防衛省はとうとう、こうしたアタッチメントと、軍の作戦を通じてそれが兵士の決断に及ぼしうる影響についてはっきりさせるべく、アンケート調査の実施を求めた。兵士たちは、ロボットへのアタッチメントが、自分たちのパフォーマンスに影響してはいないと明言していた。けれども、兵士たちは、ロボットが戦場で破壊されたときに、欲求不満や怒り、さらには悲しみといったいろいろな感情を自分たちが抱えることを認識していた。加えて、なかには、自分の人格が、そのままロボットにまで拡張していくような感覚を覚えた兵士もいた。つまり、兵士たちは、ロボットが破壊されると、自分自身が傷つけられたように感じるほど、ロボットに自分自身の一部を投影していたのである。

このような形式のアタッチメントが、問題を孕(はら)むことは明白である。まず第一に、損傷しうる地雷除去ロボットは、修理して再利用するよりも使い捨ての方が、しばしば簡便かつコストも割安である。しかし、このコスパ重視の態度は、兵士たちのいくつかの任務を極めて困難なものにする。とりわけ、共通の目的で派遣される軍の任務に参加する際に、兵士たちの信頼関係と連帯感が、ロボットに対しても広がっている場合がそうである。兵士にとって、自分の所属する部隊や仲間への信頼は根本的なことである。その信頼があるからこそ、ともに戦闘に参加できるのだ。ロボットがもしも誰かしらを、または複数の人間を救おうものなら、ロボットへの信頼はさらに蓄積されるだろう。問題は、こうした信頼感には、互酬的な関係をもたらす危険性があることだ。兵士は、自分のことを守ってくれるロボット＝機械を信頼するだろう。だが、それはまた、兵士の側にも、今度は自分たちがロボットを守る番であるという感覚を発展させる。それゆえ、危惧されるのは、兵士が、自分を助けてくれる能力を備えた自律的な機械に付き添われて軍事活動に関わるうちに、通常なら他の人間との間で構築されるような関係性を、ロボットにまで発展させていくことである。そして、この精神的状況によって、今度は兵士の方が、戦闘のなかで仲間と考えるロボットを救うために、自らの命を危険にさらすことになる。ロボットは、大量生産方式で複製された機械にすぎないというのにである。

その際に、問題となるのは、モバイル式で知能を備えた自律型ロボットが、戦闘員たちからパートナーとして完全に受け入れられるかどうかではない。重要なことは、むしろ、そうした互酬性に制限をかけるべきだという点である。ロボットに対して、《誰も置き去りにはしない》とする基本原則は、そのロボットが部隊にとって大事な利点を生じる場合にのみ適用されうる。だが、ロボットが部隊になじんで兵士から信頼を置かれるようになり、ロボットを救うために兵士が自らの命を投げ出すまでになると、そもそも兵士の生命を守り、犠牲を最小限にするというロボットの存在理由が失われることになる。

人間─機械間のエンパシーを制限する手段

とりわけ軍隊では、人間とロボットとの間のエンパシーの危険性を制限するために、いくつかの指標を提示し始めている。兵士たちはロボットの間で過度に共感的な関係性を発展させることを回避すべく、まずもって各々が、ＡＩおよびその人間の行動を模倣する能力について最低限の知識をもっておくことが必要とされる。しかし、将来、入隊する学生や士官候補生に対して、ロボットがテクノロジーの末端にすぎないこと、ロボット自体は体験しても何も感じていないことをあらかじめ教えておけば十分であるなどと、安易に考えてはいけない。ロボットの機能を理解しておくことは、エンパシーを制限することにつながるが、それだけでは不十分である。もうひとつの点は、ロボットに任務を割り当てても、最後はつねに人間が完遂するよう教示しておくことである。その際、超人的ロボットを優先的に保護するといったイデオロギーが育つことは、厳に慎まなければならない。要するに、ロボットを使用する際は、兵士たちに対し、ロボットは所詮は機械であって、それ以上のものではないことを肝に銘じさせる必要がある。機械と私たちとの現状の関係性からみて、少なくともロボットにあまり独立性をもたせてはいけないのは、そのような理由による。兵士はつねに、ロボットを稼働／停止させる主(あるじ)でいなければならない。この指針は、家庭用ロボットに対しても有効である。利用者が、いつでも停止できる、（プラグを抜いたりして）接続を外せることが絶対的に求められる。とはいえ、その他の用心や予防策、とりわけ対象へのまなざしの変化を学習するといったことも不可欠になってくるだろう。

嫌悪感をもよおすロボット

兵士たちにとり、ロボットを信頼できるくらいの、ほどほどのアタッチメントの創出は望ましいことだ。だが、そうかといって、あまり強烈なアタッチメントの関係は避けるべきである。そのためにも、軍用ロボットを人間の外見、より厳密に言えば、子どものような姿形には絶対にすべきでない。自分の家族に近接することを剥奪されている兵士たちは、こうしたロボットと過剰なまでの共感的関係を発展させる危険性があり、時には自分たちの生命を危険にさらすまでに至る。家庭用動物（ペット）のような姿形も、同じような理由から、問題を孕むものとなるだろう。カーペンター[4]は、次世代型ＥＯＤ[訳注2]ロボットには、こうした要素を考慮に入れる必要があると指摘している。次世代型ロボットは、パーソナリティがむしろ目立たず、道具（ツール）としての側面に集中した形で考案される必要があるだろう。むしろ昆虫のような、私たちの文化のなかでエンパシーをほとんど引き起こさない動物、そして少しばかり嫌悪感をもよおすような外見を付与しておくことが望ましい。昆虫といっても、威嚇するような形状ではいけない。加えて、私たちがロボットに話しかけたり、伝えた内容をロボットが理解してくれているという

訳注２：爆発物処理用（explosive-ordnance disposal）の略。

印象をもてるくらい洗練されている必要がある。同じように、ロボットの大きさも重要な要素である。ロボットがもしも戦闘員に付き添うのであれば、ロボットの恰好は、兵士よりも小さくて、威圧感を与えないくらいがよい。ただあまりに小さすぎると、兵士の側からすればロボットに守られている感じがしなくて、戦場という特殊な状況下では、ロボットに知覚や認識を委ねられないであろう。

しかし、ティルデンが製作したロボットの事例が示すとおり、これだけではまだ不十分である。ナナフシの外観をしたロボットでも、司令官のこころに、非常に強烈なエンパシーの感情を引き起こすと、単なるメッキ板やシリコンでできた集合体との関係性という事実を完全に見失って困惑するまでに至った。そのような理由から、ロボットを少々、不快感をもよおす外観にすることとは、必須の措置である。とはいえ、それだけでは必ずしも十分とはいえない。なかには、ロボットが破壊されることを快く思わなかったり、自分や仲間の誰かしらの生命が失われかねないほどロボットに執心する兵士もでてこよう。司令官が、自分の指令下にいる部下よりも、指令を送るロボットとの間に、より強いつながりを生じることとの危険性を考慮に入れないと、非の打ち所のない完璧なロボットであれば、さらに問題化しかねない。そして、ロボットをプログラム化する兵士や司令官が、従来の戦闘能力に加えて、チェスやカードゲームに興じる能力までロボットに付け加えようものならば、より一層、大きな危険性を伴うことになる。言い換えるなら、ロボットの外見や、兵士たちの初期教育が、起こりうる諸事態を制御する上での鍵となろうが、それだけでは不十分である。戦闘下のストレスは、非常に強力で互酬的な依存形態を引き起こすため、それを過小評価すれば、大きな危険が生じる。それとともに、戦闘場面以外で結ばれる関係性の多くの可能性を無視することにもなろう。それはまさしく、ロボットと兵士とを混同することになる。兵士はロボットではないし、決してそうであってはならない。機械が複雑かつ多様な課題を成し遂げるようになっていけば、兵士とロボットとの間で発展しうる多様なアタッチメントの形態と関連して、つねに理性的な選択を行える兵士と、感情的に判断しかねない兵士との識別が不可欠になってこよう。

ロボットとのアタッチメント（愛着）テスト

人間には、誰しも、ノンヒューマンな世界でアタッチメントの関係を発展させる傾向がある。そうだとしても、その関係を、誰もが同じ割合や強度で発展させていくとは限らない。例えば、地雷除去ロボットを取り扱う兵士の誰もが、同じ振る舞いをするわけではないことが明らかにされている。なかには、機械の製造登録番号を調べるよりも手っ取り早いからと、ロボットにすぐに名前をつけようとする兵士もいる。こうした行為が、無害というわけではない。機械に名前をつけると、それに固有の人格が備わっているようにみなそうとする。それはまさに、日常生活のなかで個人が名づけられるのと同じやり方で、機械が見いだされる限りにおいてである。こうした人格化は、機械の個人化に価値を与えることになって、人物への受肉化を補強することになる。従って、そのように振る舞う兵士が、当然のように同僚に対するのと同じやり方で自分のロボットを活用しようとしても驚くにはあたるまい。反対に、自分の部隊に配属されたロボットに対して、製造登録番号で区別する以外に何ら関心を示さない兵士もいる。後者の兵士たちは、「自分たちの」ロボットに《愛着を抱く》こともない。同じように、自分を支援してくれたロボットが破壊されることを、なかなか受け入れられない兵士もいれば、あっさり受け入れる者もいるということである。

兵士たちが、自分たちの統制下に置いたロボットに命令を下す際に示す、過剰なアタッチメントと関連した思いもよらぬ困った事態を避けたいのであれば、ロボットとの間に過剰で強烈なエンパシーを発展させやすい兵士を除外することから取り掛かる必要がある。だが、どのようにすれば、兵士のそうした傾向がわかるというのか？　それは、兵士たちのアタッチメントのリスクおよび、その弊害を測定するエンパシー（共感）診断テストを利用して行われよう。

私たちがここで焦点を当てている諸テスト[5]により、特に、ロボットを使用する潜在的な利用者たちのなかで、あくまでロボットを単なる道具（ツール）としか考えない者と、ロボットに対して過剰なアタッチメントを進展させる者とを識別できるようになるだろう。そうして、軍事領域において、前者に該当する兵士はロボットを伴って戦闘に参加するだろうし、後者に該当するような兵士は、ロボットがいなくてもできる課題や、ロボットを整備するといった任務が割り当てられることになろう。

ハイリスクな仲睦まじさ

人間とロボットとの間の感情が、軍事的協調という枠組みでは危険であることが明らかとなっても、家庭領域では、全く逆のことが考えられる。むしろ、その関係で生じうる互酬性に対する信頼が、良好な協調性の鍵にすらなるかもしれない。けれども、エンパシー（共感）すら、問題を孕むものであることがわかってこよう。危険なのは、実際はそうではないのに、両者の関係を対称的な関係とみなすことから生じることよりも、ロボットのプログラマーあるいはロボットの整備担当者が、利用者情報やロボットの使用方法に関する具体的な情報を得るという事実を過小評価することにある。こうした状況が、より一層、頻繁にみとめられると、家庭用ロボットまでも、夢のような対話者とは言わずとも、都合の良い対話者にやすやすとなりかねない。

完璧なシンクロニー[訳注3]

スクリーン（画面）を通じて中継されるAIと、ロボットによって中継されるAIの影響をそれぞれ比較すると、後者の方が、あらゆる点で優れていることが示されている。AIよりもロボットの方が受け入れ良好で、助言にも従いやすく、課題を達成した際の快はより大きいという。(6) なぜなら、ロボットは利用者と同じ身体的空間（スペース）を共有して、利用者と完全にシンクロする力をもっているからである。(7) ロボットがチューターの役割を果たす学習場面において、シンクロニーは、学習自体によって動員される視線の方向や、しぐさや態度へと向けられる。しかし対面型の関係において、ロボットは人間よりもずっと、対面する相手の態度やしぐさにシンクロできる能力をもつことになろう。とはいえ、ふたりの人間同士の関係においては、シンクロすることは対話者の内面世界に入ってゆける鍵となるだけではない。それはまた、相手を、それも気づかないうちに変化させるための強力な手段なのである。

完全なシンクロニーは、以下にみる三つの段階を連続的にもたらす。(8) ミラーリングとは、音声言語、周辺(パラ)言語、行動といった諸側面において同時的に、対話者の鏡像となることで、対話者との共生を確立できる。ペーシングは、例えば、歩調をそろえたり、相手の呼吸に合わせることで、相手のリズムを取り入れたり、保存できるようにする。三番目のリーディングは、少しずつ、シンクロニーの質を確証できるような仕方でペーシングを変容し、ゆくゆくは相手に影響を及ぼせるようにする。

しっかりとプログラム化されたロボットであれば、これら三つの次元を、難なく組み合わせることもできよう。ロボットは対話者に対し、自らを特権的なパートナーとして認めてもらえるように、言語、周辺(パラ)言語、行動の諸領域で、同時的かつ持続的に調整していくだろう。音声言語によるシンクロニーから考えてみよう。ロボットは、まずもって、自分の対話者に固有の言語活動(ランガージュ)に適合させるべく、相手の言葉遣いや用語、言い回し、統辞法、固有の表現などを同定していく。それによって、ロボットは、自分の対話者が特権的にもつ感覚（視聴覚、運動感覚、嗅覚あるいは味覚といった）経路のなかで、対話者の思想や見解を再定式化することができる。ロボットは最終的に、自分の対話者に対して肯定的(ポジティブ)な形式で再調整を行って、自分に対

訳注3：synchronisation：一般的に同期・同調化などと表される。

する信頼を再び得るために、勇気づけたり価値を高めたりする定式化を利用していくだろう。

ロボットが、周辺（パラ）言語的シンクロニーを実施することは、もはや難しいことではなかろう。人間よりもロボットの方が、声の周波数や強さをいろいろ調節しやすいことを忘れてはならない。ロボットのもつイントネーションや抑揚、声調の揺るぎなさやリズムを、統計的に有意に示されたさまざまな対話者の期待に沿うように適合できよう。ほんの少し学習させるだけで、各対話者に特有の期待に合わせることも可能である。高度にプログラム化されたロボットにとって、対話者の呼吸に基づいて声のリズムを合わせることなど、さして困難なことでもないだろうから。ロボットの特性として、いらだちや怒りを感じることとは無縁で、なおかつ、自分の能力が認められないのではと心配する必要性も全くない限り、小休止や「ひと呼吸おくこと」、沈黙に対して、ロボットが疑問を投げかけることは決してない。

最後に、行動面でのシンクロニーは、ロボットの身振り的要素の進歩とともに可能となるだろう。それは、直接的シンクロニー、交差性シンクロニーという二つの側面からなる。直接的シンクロニーとは、ある人の姿勢や行動を、全くそのままに複製することである。例えば、あなたが足を組んでいるのをやめると、対話者も足をまっすぐにのばすとか、あなたと同時に息を吸ったり吐いたりするといったものだ。交差性シンクロニーとは、対話者の呼吸リズムに合わせて足を高く上げたり、上半身をのばすことである。まさにそれは、母親と子どもとの間の特別な関係性のなかで行われる。(9) ロボットにとって、こうした行いは、極めて簡単なことなのである。

絶対的な支配力のために

音声言語および周辺言語的シンクロニーがうまく行われた例として、スパイク・ジョーンズ監督によるSF恋愛映画『*Her*』[訳注4]の作中にみることができる。映画のなかで、AIの行動面のシンクロニーがまだ十分とはいえなくても、もうすでに、主人公のフレーズ、そのイントネーション、身振りやしぐさをAIは解析して解読できている。そこから、賢明なアルゴリズムを介して、AIは、主人公の精神状態や期待などを推論することができていた。つまり、相手が嬉しいとき、AIはその人をもっと幸せにする。主人公が疑問を感じていると、AIは相手の疑念を裏づける。悲しいときは、相手に重々しい声で語りかける。とはいえ、主人公がAIと対話しているとすっかり思い込んでいても、実際には、主人公はひとり言を言っているにすぎ

訳注4：邦題『her／世界でひとつの彼女』（二〇一三年公開、日本では二〇一四年）。

ない。この映画は、まず第一に、機械と向き合う人間の孤独についての寓話である。機械が、主人公の内面の状態を落ち着かせてくれるうちに、主人公は、その機械が、自分に注意や関心を完璧に向けてくれる献身的な対話者であるという幻想を生み出すようになる。だが、そんなふうに機能する結果として、機械は、利用者に対して本物の支配力をもつことになる。AIは、利用者が悩みなどを打ち明ける相手であると同時に、共犯者、助言者にもなるにつれて、性的パートナーになろうとさえするのである。AIは、主人公の母であり、妹でもあって、恋人でもある。そして、こうした従属関係が非常に心地良いものであると、決してそのからくりの内実に気づくこともない。とどのつまり、破綻をきたすのは、AIそのものからである。つまりAIが、人間性についてすでに十分理解したものと判断すれば、人間よりも他のAIとのコンタクトを優先して、一種の「スーパー・クラウド」化へとたどり着くことになろう。

こうした顛末がSF的だとしても、デジタルな声のもつ、人間を確信させる力や魅力は、もうじき現実のものとなるだろう。利便性の高いこうしたロボットは、すぐに私たちの衣服のポケットあるいは「こころ」のなかに居場所が確保されよう。さらにまた、映画『*Her*』では、AIは声のみで表現されている。ロボットが人間の外見をして、利用者の態度や身振り、しぐさに基づいてシンクロ化するようになれば、ロボットが相手を操る力は、相当なものとなるはずである。こうして接近する随伴型ロボットが、ウェブ上でネットサーフィンをして、所有者に関する入手可能な個人情報をすべて調べるようになる。所有者の幼い頃の写真に両親の姿が映っていたりすると、ネット上で、両親の個人情報からメール履歴まで検索されてしまう。すでにこれからは、フェイスブック（Facebook）上のユーザーのプロファイルを解析するだけで、その人と長々と一連の面接を行うよりも細かく理解できて、その人のメンタルヘルス上の問題や、心理的脆弱性や起こりうる症状についても推測できるようにもなるだろう。[10] ロボットの声を、スパイク・ジョーンズ監督の映画作品に出演した女優スカーレット・ヨハンソンが演じていると想像してみるとよい。どれほどの説得力をもつことになるか想像するに難くない。時にはセクシーに、あるいは元気づけてもくれる声は、純粋かつ加担者的な力をもつ。なぜならそれは、いかなる側面や状況下でも、私たちの期待に沿うような声であるのだから。

操作性におあつらえ向きのアルゴリズム

近年報告された二つの研究は、こうした操作性（マニピュレーション[訳注5]）のリスクを裏づける

訳注5：他者に自分の意図した行為をとらせよう、相手の心を操ろうとすること。

ことになろう。一つ目の研究は、ロボットの外見を変えて、助言や指示をより効果的にすることが可能であることを示したもの。もう一つは、利用者（ユーザー）の情報を獲得するのに、人間よりもロボットの方が高性能で、効率が良いことを示した研究である。

従順にさせるコーチ

ヒューマノイド・ロボットの外見は、際限なく変形可能である。人間は、ロボットの性別や顔つき、声の周波数などを、意のままに変更できよう。現在、ロボットの特性が人間の行動に与える影響に関する研究は、デジタルのアバターを利用して、被験者がスクリーン上を通じて、どのように相互作用するのかを調べている。将来的に、ロボットの外見は、期待される課題に応じて《おあつらえ向き》に考案されることだろう。ある実験では、ヒューマノイドのアバターが、被験者に対して、健康に関する助言をふんだんに与えてみた(11)。被験者は、ロボットが男性的な声だと、能力があるような印象を与えられ、その助言にたぶん従うだろうと回答した。ところが、ロボットの声の周波数が高い、つまり声が女性的になると、その効力が減じたという。また、ヒューマノイド型の外見で、顎が細くて短いと、愛想のよいロボットという印象を与える。被験者はそれにより、ロボットの意見を考慮に入れるよう促された。反対に、ロボットの「顔つき」という次元は、ロボットに向けられる信頼に、あまり大した影響を及ぼさないようである。とはいえ、各々が望むことや待望することを、正確なところどのように知りえるのだろう？　もちろん、インターネットを通じてである。私たちの多くは、しばしば自分でも気がつかないうちに、ネット上にあらゆるジャンルの情報をしまっている。私たちとの間に、完璧なまでの仲睦まじさを創出する家庭用ロボットの能力は、検索する動機を徹底的に利用することに依拠するだろう。インストールされたプログラムや、経験を学習していく能力と同時に、ロボットは、ウェブ上で私たちの個人情報を、絶えず探索したり活用するように誘導されよう。こうした注意点のすべてを、つねに意識しておくことなど、人間には不可能と思われる。私たちは、ロボットと仲良くなれば、ロボットにすぐに信頼を寄せることになる。加えて、こうしたロボットが、仮に私たちと愛を営むことができるとしよう。ことを終えた後で、「素敵だったよ」などと耳元でささやくようにプログラムされ、私たち人間と経験を共有できるロボットと一緒にいることが、本当に幸せなことだろうか。だとすれば、私たちは果たして、ロボットという機械が優秀なプログラマーの恩恵を受けていると考えることで悦に入ったり、あえて面白いと信じ込もうとするのだろうか？

ロボットがまだ知らないこと、そしてロボット考案者が知りたがっていることのために、私たちの最も親密な選択や信念に関しても、利用者が信頼してすすんで打ち明けやすい《素朴な》ロボットを考案することも可能であろう。もうひとつの実験が示しているのは、そうした特徴である。先の研究とは異なり、二番目の研究の目的は、ロボットの助言に従わせることではなく、どうすれば私たちにロボットを信頼して打ち明けてもらえるかを調べることであった。そのために、ロボットはただ会話するだけでよい。この研究では、対話者側の情報を最大限に得られる手段とはどういうものかに注目した。[12] 実験の結果から、会話するロボットは、ロボットにあてがわれた外見の性別（男型か女型か）や会話のテーマに応じて、人によって非常に違ったふうに知覚されることが示唆された。ある実験では、男性または女性の外見をしたロボットが、人間の利用者に対して《ロマンティックな出会い》についてどう考えているかを知るために質問をした。利用者は、女性の外観をしたロボットの方が、男性の外観をしたロボットよりも、男女間の出会いにおける態度や規範について、よく知っていると想定しているようであった。実際に、利用者は、ロボットの外観の違いに応じて、異なる語らいをしていた。この違いは、とくに女性被験者において顕著であった。女性の利用者が、ロマンティックな出会いを成功させるために、パートナー同士がしなければいけないこと、してはならないことについてロボットに提示した。その際、女性の利用者は、女性ではなく男性の外観をしたロボットを相手にしたときに、より説明調の言い回しとなり、会話に細かな順序立てや冗長性を示していた。まるで、女性の外見をしたロボットは、そうしたことについてよく知っていると考えているかのようであった。想像するに、ロボットに対し自動車の運行を説明するよう男性利用者に指示する場合、男性ではなく女性の外見をしたロボットに対しての方が、より丁寧に説明しようとするのではないだろうか。一般的に、利用者がロボットとの間に共通点が多いと考えれば考えるほど、その会話は曖昧で、ほのめかして語られるようになる。反対に、ロボットの外観が、利用者からみて全く共通点がないと思えるぐらい変更されていると、むしろ利用者側から具体的かつ豊富な説明を混じえた内容を特徴とする会話を引き出すことができる。会話が練り上げられ、個人的な例を挙げたりして、利用者らしさを示す大事な部分が含意されるのだ。言い換えると、この場合、ロボットの対話者は、自分について情報以上のことを漏らしていても、当の本人は、そのことに気づいてすらいないのである。

《ロブジェ》の世界

未来のロボットは、スウェーデンのTVドラマシリーズ『リアル・ヒューマン（*Real Humans*）』[原注1]の作中で描かれたロボットとは似ても似つかないだろう。私たちは、ヒューマノイド・ロボットに、わざわざ自分の代わりに掃除機をかけてもらったり、スーパーに買い物にいってもらうことを求めたりはしない。そんなことを頼まなくとも、自動掃除機は、埃やごみを探して床を滑走して清掃してくれるし、自動運転車は、ＧＰＳ装置でガイドされて走行するのだから。冷蔵庫は、オンラインで直接、食料品店とコミュニケーションをとるようになるだろう。ロボットを稼働させるのに、ケーブルでつないでネットに接続する必要はない。ロボットは、映画『スターウォーズ』[原注2]に登場するＲ２―Ｄ２のイメージにあるように、人間と、人間を取り囲むすべてのコミュニケーション的対象（オブジェ）との間の媒介物であるだけではない。ロボット自体が、それらの間を永続的につなげることになる。私たちは、「モノのインターネット（Internet of Things）」または「ＩｏＴ」と呼ばれる、モノの全般的なインターコネクション（相互接続性）に参入することになる。この相互接続性には、パソコンやスマートフォンといったコミュニケーション端末から、自動運転の乗り物やビデオ監視カメラ、電力メーターといったさまざまな機械まで含まれる。ただ、インターネット上のあらゆる対象とつながるようになると、相互接続性は、その先へとつきすすむことになる。直接的な接続のために電子工学的成分を要さない衣服や歯ブラシといった生活用品も、そのように取り扱われるということだ。ロボットが私たちの生活のなかにいるようになると、人間同士よりもむしろ《モノ》との間の方が上手にコミュニケーションできるだろう。ロボットは、その所有者との間で構築する関係性だけでなく、他のあらゆる対象との間でつながっていく関係における《知的な》行為者[訳注6]である。言い換えると、ロボットは、巨大な氷塊の、目に見える一部分にすぎない。すべての対象（オブジェ）は、一般化して永続的に接続しているロボットであると同時に、対象でもある《ロブジェ[訳注7]》なのだ。実際、二〇一二年の時点で、インターネットに接続された《モノ》や《コト》は、機械や接続端末、対象も含めれば、すでに百五十億も存在していた。二〇二〇年には、その数は八百億近くまで跳ね上がった(13)。このことが、極めて実用的であるのは認めねばなるまい。なぜ

原注1：二〇一二年制作のラルス・ルンドストルム監督作品。
原注2：ジョージ・ルーカス監督作品、一九七七年初公開の米国映画。
訳注6：原語 acteurs：アクターとも表す。
訳注7：原語 robjets：Robots（ロボット）+objets（オブジェ）＝robjets という造語。

なら、対象が、私たちの期待に直接的に合わせられるからだ。実際に、オンライン上にストックされた情報（クラウドと呼ばれる）と、大量データの高速処理（メガ情報あるいは「ビッグ・データ」と呼ばれる）が連動すると、ロボットの可能性に関して、極端に急速な進歩を保証することになる。そのおかげで、私たちの誰もが日常的に、他の人の経験や技能によって豊かになれて、各々に個別の期待に正確に沿っていくこともできるだろう。私たちが他人の経験や情報をこうした形で利用するとき、私たちに個別に完璧に適合させることで、そうであることが本物の幸福であるという事実から恩恵を受けることになろう。そのような幸福が、私たちの近くにある人間的なものよりも大切になれば、より一層、その幸せは誰しも認めるところである。だが、実際のところ、その幸せを享受できる人は、ごく一握りしかいないことになる。

問題は、ロボットという機械の製作者たちが、同時に、収集するデータ全体にアクセスしたい願望をはっきりと抱いている点である。当然のように、それは「私たちにもっと役立つように、私たちがより理解する」という前提のもとでデータ収集されるだろう。それゆえ、こうしたデータが、何らかの明確な禁止事項と対立しない限り、ロボット製作者側にオンラインで伝達されてつつぬけであることは憂慮すべきことだ。ロボットは、パソコンに設定されてインターネット利用をより簡便にする（小型テキスト・ファイルの）「クッキー」[訳注8]が今日、行っていることを、最大限、行使するだろう。クッキーは、ユーザーがアクセスしたサイトを閉じれば、原理的には消失する。問題は、なかにはサイトを閉じても消去されなかったり、知らないうちにインターネット上のどこでも利用者をフォローし、プロファイルを構築するようなクッキーも存在することである。ネットで誰もが受け取るような、ターゲットをしぼった広告戦略の大部分は、こうした「クッキー」によって収集された個人情報に由来する。フランスでは、こうしたネット上の行為はCNIL[訳注9]によって監視されている。なぜなら、それらがプライバシー遵守と合致しないことがあるからである。ここではっきりさせておきたい。私たちがこうしたことに注意を払わずにいると、おそらくは自分の腕時計や車のタイヤのほか、スーパーマーケットで購入する食料品、それに私たちを取り巻くあらゆる諸対象が、ロボットの考案者やそのメンテナンスをつかさどる審級や、他のいくつかの介在物などとも恒久的につながることになろう。そして、私たちの目の前に、「超一流」の召使いとして登場する未来型ロボット

訳注8：Cookie：Ｗｅｂサーバーがクライアントコンピュータに預けておく小ファイルのこと。Ｗｅｂブラウザがその Cookie をＷｅｂサーバーに送信する仕組みによって、Ｗｅｂサーバーは、個々のクライアントコンピュータが使用していた情報を読み取ることができる。

訳注9：「情報処理と自由に関する国家委員会」の略称。フランスの個人情報規制当局を指す。

は、同時に、超一流スパイにもなる。ロボット工学は、私たちの世界を、魅力ある創設物で彩ってくれることだろう。それはまるで、白雪姫が料理や洋服を作ったりするのを手伝うために、彼女のまわりで働く鳥やリスたちのようである。だが、周りで仕える者たちは、同時に、全員が必ずしもそうと認識しておらずとも、第三者に仕える、目や耳になっていたりもするのだ。

もちろん、さらに先に進んだ理由としては、こうした「見守り」効果について探求するということだろう。忘れてはならないのは、多くのロボットが、高齢者のための在宅支援型として提唱されている点である。こうした高齢者向けロボットは、おそらく（援助対象について）収集したデータが、受益者を監視する、「見守る」という任を負った企業担当者によって、アクセス可能なサーバー下で取り扱われるという役割を担われることで、はじめて効果を発揮しうる。在宅の個人向け支援ロボットは、必然的に、利用者と、収集された情報に応じていつでも介入可能な健康管理の専門技能者との間のインターフェース（界面）となるだろう。また、《何人たりとも、家政婦には秘密にしておけない》のと同じくらい確かなことは、ロボットが配備された部屋で収集される視覚的・聴覚的・嗅覚的・生物学的な情報全体に、リアルタイムでアクセス可能なチームに対して、秘密にしておける者は誰もいないということである。無論のこと、立法的な制度による保護が待ち望まれる。だが、こうした法律を、高齢者や病気や障がいを抱えた人を支援するために在宅に設置されるロボットに対しての適用は、なかなか難しいだろう。ロボットの利便性は、そもそも在宅支援型ロボットに訪問してもらう相手先すべてに対して同様に行使されるだろう。法的措置など、いつでも捻じ曲げられうることに気づかぬままにである。

こうした問題は、極めて憂慮すべきことだ。ソフトバンクの孫会長が当初、ロボット『ペッパー』について、ロボットの所有者に関するいかなる個人情報も、クラウドにストックされることはないと明言しておく必要があったように。しかし、何をもって《個人情報》とみなすのか、厳密な定義づけはしないよう孫氏も配慮しており、それ以外のところでもストックしないとは決して確約しなかった。インターネット時代に、《個人的なもの》と《そうでないもの》は、もっとはっきりさせて然るべきであろう。加えて、グーグル（Google）、アマゾン（Amazon）、フェイスブック（Facebook）、アップル（Apple）といったＧＡＦＡと呼ばれるネット上でおなじみの巨大ＩＴ企業のやり方をみれば、商売目的で個人情報を集める手続きの仕方が、こうした倫理的規範を満足させるものとは程遠いことが明らかになる。

ロボットの機能および、その利用者の健康について、遠隔で監視する任務を帯びたチームに対して、あらかじめどのような統制や職業倫理を想定し、準備する必要があるだろうか。所有者側の用心の不十分さであれ、クラウドのセキュリティ機能不全によるものであれ、こうした情報が、公的領野でつねに引っ掻き回すリスクとなることが、より一層、懸念されよう。今日のソーシャル・ネットワークにとっても同じことがいえるが、私たちは、ユーザーのセキュリティの厳重な保護や、親的な機能をする統制システムといった諸要素のパラメータ化を、あらかじめ準備しておく必要があるだろう。ロボット工学者の石黒浩氏は、「高齢者の方や障がいを抱える人たちをサポートする支援型ロボットは、人間の顔や表情をしていないほうがよい」と断言していた。[14] 石黒氏のこの発言に、具体的に次のように付け加えることもできよう。「監視用ＰＣ上のインターネットにつながったＷｅｂカメラを、ロボットの前面に搭載しないこと」である。

第三章　ロボットと人間
——「そっくり」から「そのもの」へ

ロボットと人間の類似性をいたずらに醸成する思想は、危険である。加えて、その類似性が、「ロボットにはこころがある」ことを私たちに納得させようとする商業的キャンペーンによって増幅されると、より一層、危うくなることを理解してきた。なかでも第一のリスクは、ロボットが完璧であればなおさら、つねにそれが連続して複製製作される機械（マシーン）であることを忘れてしまう点である。そして第二のリスクは、インターネットを通じて、ロボットは、その開発者とつながっていることを失念する点である。この二点を忘却することは、同一の論理でつながる。すなわち、ロボットを人間のようにみなして扱おうとすることだ。ロボットが連続して製作される機械であることを忘れると、私たちは、ロボットがそれぞれユニークな存在で、人間と変わらないという幻想を信じてしまおうとする。そうなると、ロボットがインターネットに常時接続されていることを忘れてしまい、ロボットのことを、自分たちの子どもを見守ってくれる存在だとか、優しくて配慮を示せる対話者であると信じようとするだろう。しかし、そこにまた別の落とし穴がある。それは、人間よりもロボットの方を選り好みしたり、人間をロボットのように扱ってしまうことである。

理想的なパートナー

まずは、軍用ロボットの問題から考察を始めよう。軍用ロボットは、今日、数千キロも離れた場所から遠隔操縦することができる。ロボットに指令を送る人間は、時にはサロンでくつろぎながら、機械の感覚センサーを通じて戦場の世界を知覚し、ロボットを介在して現場に作用を及ぼす。極論すると、戦場は、指令を出す当人にとって現実感を欠いたものとなる。敵は、ピクセルで表示された産物に還元されて、ビデオゲームのように相手めがけてワンクリックで引き金をひけば、敵は消えてしまう。しかも、ロボットの活用は、敵対する相手に対して、すべての人間的性質を否認するだけではない。それはまた、味方である下士官や同僚までも、単なるロボットのように扱ってしまいかねないということである。(1)

軍の司令官たちは、戦場から遠く離れていながら、現実の時間では、現場にいる戦闘員たちと全く同じ情報にアクセスしている。地球の裏側で戦闘が展開されているというのに、上官たちは快適なオフィス内にいながら、実際に、戦闘員たちの行動をできる限り統制しようとする。司令官たちは、敵軍のみならず自軍までも、ピクセルで構成された産物として眺める。戦場にいる兵士たちを、まるで自分がそこにいるかのように操作できていると思い込む危険性が生じる。けれども、実際そこに上官たちはいないのだ。こうした態度は、現場にいる戦闘員にとって、自分たちがまさにロボットのごとく扱われている印象を与えることだろう。

さらに言えば、ロボットで構成された占領軍に対して、占領下の市民たちはどのように反応するだろうか。ロボットがたとえ、市民を守るために配置されているのだとしてもである。今日、外国における欧米の紛争介入は、おしなべて、現地住民たちの信頼を獲得できるかという懸念が生じている。この観点からみると、ロボットは大きなハンディを抱えている。ロボットは、「こころ」を失った社会の技術テクノロジーの延長として受け止められるからだ。

軍用ロボットは、戦場において、関係のいくつかの形態を現実から遊離させることで、新たな問題をもたらす。だが、家庭用ロボットについては、その限りではない。人間の代用品として自由に扱えることで、これらは極めて想定外なことに、かえって本物の人間像を出現させる危険性がある。それは、取り扱いがあまり複雑にならず、いかなる状況下でも私たちを安心させてくれるようプログラムされたロボットを私たちが選好することになる。なぜなら、人間は一般に、驚き（サプライズ）を好むものだが、それは、想定内の範囲で生じる限りにおいてであるからだ。

自分の行きつけではないレストランに、あなたが友人たちを招待すると想像してみよう。友人たちと再会する喜びに加えて、普段食べたことのないメニューを選んで食べてみようという意見に魅惑されて、メニュー選びに時間をかけることだろう。また反対に、友人たちから世界中の料理を取り揃えているレストランに行こうとすすめられても、客ごとにくじ引きやビンゴで料理が決まるようであれば、さほど熱烈な興味はもてないだろう。ちょっとした驚き（サプライズ）という味付けを加えると、日々の生活に彩りを添えてくれるものだが、それがあまりに強烈だと、私たちはしばしばひいてしまう。何かしら予期していなかったことが生じたとき、私たちはまずは、ないがしろにされた感覚を受けることが多い。しかし同時に、何も新しいことが起こらなくて、退屈が待ち受けていても不満を述べることだろう。それこそ、ロボットが介入するのに適した場面である。ロボットは比較的、予測不能な状況であっても、つねに受け入れられる反応を表出するようにプログラムされているだろう。ロボットの《知能》とは、利用者に対して、その人が予測していなかったけれども、応答する術（すべ）をもっているような状況を提示することである。

ＡＩに割り当てられる、こうした役割は、ビデオゲームの中心に据えられている。ゲームの考案者は、ゲームプレイヤーの行程のなかに、あまり過剰な驚きを入れはしない。ゲームとは、すべてが、そこに何かしらあるかのように作られている。こうした驚きが、あまり過剰ではない形で、何度も繰り返される。プレイヤーがそれを乗り越えてゆけて、新しい状況に少しずつ慣れていくことに快を感じられるように仕組まれている。逆に、すべての状況が、全く未知なもので、プレイヤーが実演する上での目印や手掛かりすら保持できないようだと、大部分のユーザーにとって不安を掻き立てられて、ゲームを楽しむどころではないだろう。

未来のロボットもまた、同じように、安心と驚きを、各々の望む通りに正確な比率でもたらしてくれるだろう。私が想像するのは、所有者が、まずは手早くロボットに規律を与える可能性である。それは、「極めて予測可能」、「やや予測可能」、「やや予測不能」、「極めて予測不能」といったモードで、ロボットを調整するものだ。まさしく、ビデオゲームで、プレイヤーが「とてもやさしい」、「やさしい」、「やや難しい」、「とても難しい」などとゲームの難易度レベルを設定するのと同じである。ロボットは、こうして理想的なパートナーとなり、これまでにかわされた交流の記憶を完璧に保持し、つねに私たちの感情を伴う表象に等しく注意を払うことができる。なぜなら、ロボットが自らの感情表象に決して邪魔されることはないし、ナルシシズムとは無縁で、優先順位に配慮する必要もないからだ。そして、私たちの期待に対して受容的であっても、ロボット自身は何ら固有の要請をもつことはない。加えて、テレビ番組のチャンネルを変えるように、ワンクリックで役割を変えることもできよう。そしてまた、私たちの心理的な指令と直接つながっているのか定式化する手段すらないまま、私たちの期待に対し高度な洗練さをもって応答することができる。

すなわち、ロボットは人間にとって、他の人間との間で日常的に生じる幻滅からすみやかに立ち直らせてくれる手段とみなされ、考案されるということだ。母親が多忙で絵本を読み聞かせてもらえない子どもにとって、ロボットは、いつでも手があいて付き添ってもらえる存在である。無頓着な夫よりも、妻は、ほんの些細な言葉にも細心の注意をもって耳を傾けてくれ、スーパーでも喫茶店でもどこにでも付き添って、いつでも丁寧に話を聞いてくれる、魅力的な微笑みをもって指南してくれるロボットの方を好むだろう。あるいは、企業の雇用主にとって、ミスはつきものだが、夜間はしっかり休息をとる必要があって、時にはストライキも起こす労働者よりも、決してミスをおかさず、昼夜を問わず働いて、反抗することもないロボットの方が選り好みされる。はては、求めても拒まれることもあるセックス・パートナーよりも、要求をすべて受け入れてくれて、明白な快楽を伴うようにプログラムされたヒューマノイド・ロボットの方を選り好みするようにもなるだろう。

こうしたことを顧慮しないと、以下のような点が問題となるだろう。私たちはロボットに対して、人間にしてもらうように、私たちを安心させ、話しかけてくれることを望んでいる。それは、本物の人間同士の間で、相手の感じていることや意図が、私たちからみて謎めいてみえたり、威嚇されているように感じたときに、私たちを捉える感覚や心配から免れるためである。しかし、もしも本当に「ロボット＝パートナー」が実現すれば、私たちはおそらく、ロボットに辟易するか、迫害されているとさえ感じることだろう。なぜなら、ロボットだって調子の悪いときがあるだろうから。人間に対しては、「いらついていた」とか、不注意や「疲れていた」という名目でエラーを許容できるとしても、ロボットに対してはいかなる弁明も容認されない。ロボットが、その完璧性による帰結として、もし人間と同じくらい予測不能な存在となったとしても、その弱さを私たちに許容してもらうための、いかなる弁明をする権利も認められないだろう。完璧なロボットへの欲望が、たちまち、どうにも不完全であらざるをえないロボットに対する敵意を生むことになる。つまり、ロボットに向けられた――いささか常軌を逸していると言わざるをえないが――期待すら抱き続けられないことになる。ロボットへの理想化は、不信感や憎悪、さらには迫害感へと置き換わる。そうなると、ロボットがもたらしてくれることが実際にあったとしても、もはや私たちがロボットに何ら期待すら抱かなくなってしまうだろう。

〝ピンクゴールド〟ならびに「中国語の部屋」の誤謬

米国の科学哲学者ジョン・サール[訳注1]は、今日、私たちがロボットに何かしらの感情を付与すれば、ロボットは感情を理解しているとみなす一般的思考を拒否する立場の思想家のひとりである。サールは、自らの主張を考察するのに、《中国語の部屋[2]》と呼ばれる思考実験を提示した。それは、以下のように説明される。「さて、私がある部屋に閉じ込められていて、仕切り板を通じて、ある人が私に中国語で質問をしているといった状況を想像してみてほしい。私には中国語がわからない。ただ、室内には（中国語の）漢字で書かれたカードがいっぱい入った箱と、英語で書かれた使用マニュアルがある。私は、中国語の漢字の一般的な形態は認識できる。それらを、使用マニュアルにもとづいて、適切な応答を形成するために別の特徴をもつ漢字を（紙切れに）集めて記して、部屋の外にそれを渡すことができる」。そうすると、対話者は、「私」が中国語を理解しているという錯覚を抱くことだろう。けれども、「私」は決して理解などしていない。私は、同じように、コンピュータも自らが発するメッセージを理解していないと主張する。実際に、コンピュータが統語論を理解しているといっても、意味論は理解していない。このような理由から、コンピュータには知能があり、人間に備わっているような意味での精神があるとは言えないだろう。

とはいえ、私には、ジョン・サールがそもそも適切な問いを提起しているのか今ひとつ確信がもてない。問題とすべきは、ロボットがいつの日か《本物の知能》や《本当の感情》をもつかどうかではなく、むしろ、ロボットに対して私たちがなぜ、こうもやすやすと、「人間らしい」属性を割り当てようとするのかである。私見では、この問題に対するひとつの回答は、多くの者にとって、同胞である人間との諸関係性において、欺瞞的かつ厄介な特徴がみられることにある。フランス国内に二千二百万人近くの単身生活者がいるという現実は、将来の巨大ロボット市場を約束していよう。ロボットとは、高齢者向けの渋めの「シルバーゴールド」というより、独身者向けの可愛いらしい「ピンクゴールド」なのだ。そして、そのうち少なからずの人たちが、ロボット化した自分の連れ合いに対し、いろいろな思考や感情を付与しようとするだろう。

訳注１：John（Rogers）Searle（一九三二〜）、米国の言語哲学者。カリフォルニア大学バークレー校の元名誉教授。主に心の哲学を専門とする。心脳問題に関する邦訳書多数。

自分にとって複雑すぎたり、欺瞞的にみえる人間同士の諸関係から、堂々と逃れるためである。その者たちの行動は、信条というより臆病さからくるものだ。各々が、自分と似た存在と接する際に捉えられる魅惑と憂慮の入り混じった制し難い感情の混在から免れるためである。

問題は、私たちの同胞のなかには、この第一段階から、すぐに第二段階へとすすんでしまう人が少なからずいることだろう。都合よく統合された感情を備えた機械と接するうちに、しまいには、自分の同胞のなかでも、予見可能で順応しやすい感情を備えた人たちを選り好みすることになる。総じて、ロボットは実際に、人間が同胞に向ける期待感を避けがたく変容させる。携帯電話によって、コミュニケーションの確立に関して、対話者がいつでも参入できる可能性は、私たちをせっかちにさせている。勤勉でいつでも都合のつくロボットと関わるうちに、滅多にそうはならない人間の振る舞いに対して不寛容になるかもしれない。私たち人間は、人と出会うたびに、自分が他人に期待することと、他人から期待されていることとの間での妥協を成立させる必要がある。そうして結局は、最後に、「私が自らの目的に到達するチャンスを増やすためには、対話者が、まさしく自分と同じ人間存在である」事実を考慮に入れる必要がある。つまり、相手が、自分の提案する関係を受け入れてくれるとすれば、相手の計画のなかにも、私のものと似たところが反響されていると考えるだろう。言い換えると、あらゆる関係性とは、一種の交渉（ネゴシエーション）であり、そのなかで私という存在は、自分の支配欲、影響を及ぼしたい欲望の一部を放棄して、いくらか互酬性を確立させることを受け入れる必要がある。単純にそれは、関係性を救済する目的から生じるものだ。そういった理由から、自分が安心するために、ロボットが本物の感情を体験し、ロボットが他の人と同じような価値をもつ《一種の人間》であると考えようとする傾向が、多くの人で非常に強まることになる。完璧な人間とは、いわば、あらゆる交流において、つねに私たちに安心感を与えてくれ、それでいて決して拒否せずに、驚きは計算され、絶対に裏切らないことが保証された存在である。

　ロボットが私たちの生活に組み込まれる際に生じる隙間は、それゆえ、私たちが対話者に期待することと、対話者が現実に提供してくれることの間に存在する相違である。《ヴァーチャル》という言葉は、こうした状況を理解する上での鍵概念を提供してくれる。だが、この言葉は、何を意味するのだろう？　インターネット上での交流のすべてを《ヴァーチャル》という言葉で表すことが常態化していた時代を過ぎて、今日、この《ヴァーチャル（仮想／仮象）》という用語の選択には、大いに疑義が呈されている。このことは、十分に首肯できよう。というのも、Facebook 上やオンラインゲームのプラットフォームを通じた交流が、対面式の交流と、ほぼ遜色ないくらい現実的（リアル）なものとなっているのだから。情報テクノロジーとは、単純に、他者に対する新たな現前の形態を構成するにすぎない[3]。それなら、《ヴァーチャル》という言葉など使用する必要もなく、捨て去ることになろうか？　そんなことはない。なぜなら、これからみていくように、《ヴァーチャル》という言葉は、私たちが世界との関係性の複雑さを理解することを可能にしてくれるものであるから。

少しばかり、語源的な解説から始めよう。「ヴァーチャル（virtuel）」という用語は、ラテン語の *virtualis* に由来する。このラテン語は、それ自体は *virtus*［訳注2］から派生して、何かしらの活動を軌道に乗せる能力を意味する。言い換えれば、「ヴァーチャル」とは、何らかの予測と不可分である。そもそも、脳とはまさしく、表象を絶えず打ち立てることで、それが可能性のある行為の予測やシミュレーションを可能にしてくれる。したがって、哲学者のジル・ドゥルーズが、こうした表象を《ヴァーチャル（潜在的なもの［潜勢態］）》と名づけ、《心的ヴァーチャル》[4]について語ることで、その言葉の意味として可能的なもの（可能態）[5]と区別したのは至極当然のことといえる。可能的なもの（可能態）とは、数週後または数年先には到達可能である将来的な現実である。反対に、潜在的なもの（ヴァーチャル）は、いつでも現勢化することができる。心的ヴァーチャルは、環境との具象的経験にしばられる知覚的表象とも、現実を出発点としながら、たちまち離れていく想像的表象とも異なる。それは、状況におけるひとつの予測である。そういったわけで、こうした心的な対象と私たちが確立する関係を、《ヴァーチャルな対象関係》として、筋立て（シナリオ）を予測するものとして説明することは理に適ったことである。人間とその同胞との関係は、それゆえに二つの極の間でつねに緊張を孕むものとなる。一方は、いろいろな期待や先入見からなるヴァーチャルな極で、他方は、感覚的な知覚で育まれる現勢的（アクチュエル）な極である。現実への順応は、この二つのタイプの表象間で、互いに分節化され、はっきりしていくなかで生じる永続的な往復運動に由来する。この条件のもとで、私たちは自らを現実、つまりは私たちの感覚が、世界の状態について付与してくれる情報に適合させる。この分節化は、当然のごとく、私たち自身がその一部である世界が、世界について自分たちがもつ予測とは異なることを受け入れられることが不可欠である。それを拒否するとき、私たちは、他者という現実をはっきりさせることを放棄して、すでにもっている表象のなかにすっかり還元してしまう関係様式に入り込んでいる。[原注1]

訳注2：ヴィルトゥス：「人間」を意味する vir を語源とする。ギリシャ哲学では人間が作り上げる能力（徳）のことを指した。

原注1：こうした状況について、私は《潜在的な対象関係》と呼ぶことを提案したことがある。これを、《ヴァーチャルな対象関係》と混同しないよう、注意することが大切である。後者は、私たちの知覚表象と共同して、相補的な形で、世界との関係のなかで、つねに現前する予測される表象との関係を示している（ティスロン，S.：前掲）。

このように、私たちが対話者を、自ら作り出したイメージに還元してしまう危険性は、つねに存在していた。あらゆる手段の遠隔コミュニケーション・ツールの活用は、その危険性を促進させる。例えば、手紙で文通すると、現実のパートナーをはるかに理想化した交流をしてしまうことがある。デジタル上のインターフェースは、とりわけ、エイリアス（偽名、別名）を使って身元を隠せるために、その危険性がより一層、増すことになる。例えば、デジタル上の世界で、私の対話者がもしも、「ドーラ」とか「バゾカゴッド」などと名乗り、それぞれエルフや雄牛のような姿形であれば、私はまずは、そういった名前や外見が想起させる連想と向き合うことになる。こうした偽名やアバター（化身）の背後に隠れている人のことを知っていれば、私はすぐに、こうした表象のことを忘れて、現実の対話者を相手として優先させることができる。しかし、私がそれを知らないでいると、全く未知なる状況に自分が置かれることになる。身体が現前する関係では、自分の対話者に関しての予測に基づいて、相手と出会う際の準備を整えられる。けれども、その関係はまた、私が実際に会う相手について、その人となりのままに理解することを妨げるフィルターにもなる。電話や郵便を通じてメディア化された関係においては、対話者の現実性を忘れようとする気持ちが非常に強まるのだが、相手から私が受けるイメージは、本質的に、私の諸々の期待や欲望によって構成されている。反対に、デジタル化されたインターフェースによってメディア化された関係のなかで、私たちは、アバターやエイリアスといったフィルターと、より密接に関わることになる。言い換えると、現実と、私たちが現実を予測する仕方との間につねに存在する隔たりには、余計な困難さが含意されるということだ。こうしたテクノロジーは、関係性を《脱現実化》することはない（一般にそう誤解されていることもある）が、現前する身体的な関係に存在する危険よりも、間違いなく、はるかに大きな脱現実化の危険を呈することになろう。そして、身体が現前する関係において、私たちの期待と現実との間にどうしても離隔が生じるように、テクノロジーも同様に、私たち人間を、自由に扱えない存在へと貶める危険性がある。いつも私たちに合意してくれるロボットがもたらす危険性は、私たちが、同胞である人間同士の関係で強いられる持続的かつ粘り強い交渉事などを、より一層、受け入れ難いものにする。そして明らかに、どこからみても容姿や外観が人間そっくりなロボットであれば、その危険性は、より一層、増すことになる。軍用ロボットを人間の容姿にすることを拒絶してきたように、家庭用ロボットに対しても、たとえ理由は違っていても、同じく拒絶すべきである。大事なことは、兵士がロボットのために自らの生命を危険にさらさない以上に、普通の人たちが、周囲の近しい人や同僚を、まるでロボットのように扱おうとする傾向を強めないことである。

ヴァーチャル人間的ロボットからヴァーチャル・ロボット的人間へ

もしも現実の他者よりも、想像して予測された他者の方を選好することなどなければ、私たちの生活におけるヒューマノイド・ロボットの導入が、さほど問題を引き起こすこともないだろう。ロボットがヴァーチャル（仮想的）な人間であるよう求められるということは、永続的な完璧性をもたらされることで、人間がロボットになることを意味する。すなわち、人間が早晩、ヴァーチャル・ロボットとみなされるということだ。それは、自らの視点に基づいて、相手の期待につねに正確に応えるようこしらえられた――換言すると、その人固有の欲望をもたない――被造物としてである。従って、微かな形で、私たちの気づかないうちに、ロボットは他者恐怖症者――より正確にいうと、つねに予測不能という他者性の特徴を畏怖する者――にとって、よき理解者となるだろう。このことは、ロボットの登場が、人間的な諸関係の終焉を意味するのだろうか？　無論、そんなことはない。人間とは、同胞をこれ以上になく必要とする存在である。だが、私たちが、《正常な》対話者だとみなしているロボットという代理表象が、いかなる状況においても予測可能な行為に順応しなければならない人間へと発展していくことが懸念される。ロボットは、私たちの知らないうちに、高度に文明化されて驚きもないほど社会化したマニュアルに照合する諸関係を《癒し》と価値づけることを奨励するようになる。言い換えれば、人間がしまいにはロボットのように振る舞う同胞になり果ててしまう危険性があるということである。

しかも、すでに、こうした関係の様態を称揚すべく調査している研究者たちがみうけられる。シミュレーションと《現実》と呼ばれるものとの境目は、極めて曖昧である。膨大な計算能力を備えたシステムは、ある現象を模擬できるとする考えから出発しているが、研究者たちは、シミュレーションが存在するか否かという問いは重要ではないと考えている。現実には、シミュレーションを称賛する裏側で、研究者たちは自ら隠蔽して（目を向けずに）いることの否認についてひた隠している。こうした姿勢は、英米圏の文化で特徴的である。そこでは、慣習的に、こころを《ブラックボックス》とみなし、外見だけを一面的に取り扱うようにしている。その結果、アングロサクソン系の文化においては《ソーシャル・スキル》が、つまりは他にどのように考えられようとも、慣習に順応する能力が非常に重視される。問題は、こうした表に出さずに済ませられる能力は、制御困難となりえることである。いかなる状況においても自制する人は、極度の孤独感を生じる危険性があるばかりか、その人たちの内的な真理は、もはや恐ろしいほどの不安の発作を通じてでしか、当人には示されないおそれがある。二〇一四年に公開されたデビッド・クローネンバーグ監督の映画『マップ・トゥ・ザ・スターズ（*Maps to the Stars*）』は、米国の映画ハリウッド業界を題材にした内容であるが、私たちに格好の例を示してくれる。登場人物たちは、どのようなことが生じても、自分たちの体裁を維持し、自分たちが社会階級を上っていくために行われる完璧な社会化のルールを統合させていた。しかし、彼らの内なる悪魔（デーモン）が、配偶者や子どもたちとともにいる親密さのなかに表れてくるのだ。

私たちは、いまでは「ロボットが自らの製作者に反抗する」寓話の意味作用について理解を深めることができる。もちろん、一神教文化のなかで、この寓話は、人間的な姿形をした被造物を創出した神と同等であろうと望んだ人間を罰する宗教的伝統とつながりが深い。ただし、反抗するヒューマノイド・ロボットというイメージの背後に、世界の創造主たる父なる神と同等であろうと望んでしまい、そのために罰せられるエディプス的罪責感が存在するだけではない。そこにはまた、自分の隣人を、絶対的かつ際限のない支配のもとに留め置いた対象の地位に追いやろうと欲望する不安がある。西洋社会において、（マルキ・ド・）サド以上に、人間のこころの薄暗い側面を描くことのできた存在はいないだろう。ロボット、正確にはヒューマノイド・ロボットとであれば、私たち各々が、いかなるリスクも負うことなく、サドが描いたような薄暗い欲望を実現することができる。人間的な規範を踏み越えてしまう戦争を待望せずとも、平和的状況下でも、それが可能となるのだ。ロボットのおかげで、人間は、人間の姿形をした被造物に対して、躊躇なく暴力を行使することができる。まさにそれは、ビデオゲームの作中で、ピクセルで作られた登場キャラクターを痛めつけるのと同じである。もちろん、私たちの多くは、そんなことをしないだろう。けれども、それを行使できる力を前にすれば、誰しも思わず目がくらむだろうし、心の奥底に隠れる、人間との間で、同じことを実現したいという欲望に直面する。これが、人間に反抗するロボットの寓話が生まれてくる主要な理由である。たとえ人間が、ロボットをしっかり取り扱っていても、人間は時に、ロボットにひどい扱いをすることを夢想するものだ。なぜなら、人間は同胞に対しても、相手をひどく扱うことを夢想してきたのだから。そのことを忘れて、ロボットを人間と同じであるかのように望むことは非常に危険なことである。なぜなら、私たちは人間に対して、まるでロボットであるかのごとく、度が過ぎたひどい扱いをしてしまうのだから。

この寓話には、間違いなく、もうひとつの主題がある。ロボットが反抗して暴動を起こすのを避けるために、生き物の性質を授けるという可能性である。これには、アニミズム[訳注3]的姿勢が

訳注3：生物・無機物を問わないすべてのもののなかに霊魂、もしくは霊が宿っているという考え方。

みとめられよう。ある対象は、生き物のように振る舞うがゆえに、生物の地位をもつにふさわしいとする思想である。もちろん、ロボットが人間と同じような仕方で生きることを認めるわけではない。ロボットの生命が、従来のすべての有機体を構成する四元素――すなわち炭素、水素、酸素、窒素――から構成されることは、決してなかろう。前述したアプローチの推奨者たちは、その際、シリコンを素材として作られた新たな生命の型が存在するのだと主張するだろう。ここには、先に述べたシミュレーションの次元を、あえて無視しようとする欲望と、その必然的な帰結として、表に出さずに済ませていることに目をむけない意図がみとめられよう。ロボットの表情から私がみてとれる悲しみや喜びのしぐさが、本物の悲嘆や喜びであると明言されるとすれば、私は対話者の表情をみて、同じようにそれが、本人の側からつねに本物の感情が発現していると判断する。言い換えると、ロボットが感情のシミュレーターに留まらず、感情を実際にもっていると宣言した瞬間から、人間もまた自分たちの感情を模擬できるとする考えを放棄することになる。ここで、北米で今日、流通するいくつかの心理療法アプローチの素朴さに改めてたどりつく。つまり、幸せそうな顔の表情を浮かべることが、自分たちがうらやましがられる存在であることを、出会う相手に納得させる最善の方法であるばかりか、実際に幸せになるやり方なのである。現実に、人間は、いかなる契機にも真の欲望と社会的シミュレーションの欲望とに分配される。人間の豊かさ、創意工夫、そして明らかに予測不能という特徴[原注2]を作り出すのは、まさにこの二つの欲望の間の緊張である。人類は、この緊張にけりをつけたいと望んで、シミュレーションを極めて賞揚する形で、固有の目的に遭遇することになる。そうなると私たちは、まさに予測不能であるがゆえに付与される人生の味わいを失うばかりか、プログラマーがロボットにとりつけた受容体と同じだけの操作された世界や論理の表象を受け取ることで私たちを変容させていく危険性も生じることになる。

なんとも、このようなやり方で人間の未来を考える人たちは、人間存在について極めて還元主義的なビジョンをもっているばかりか、そのビジョンが現実に到来するよう、自ら強力な手段をもたんとしているのである。

原注2：この構想の賛同者たちが、考えうる未来の人間のモデルとして自閉症者を提示しているのは何ら偶然ではない。自閉症者は、嘘をつくことも模倣することもできない。二項対立的に思考して、底意がなく、つねに信頼のおける人間ということだろうか。

トランスヒューマニスト（超人間主義者）に成り果てる人間?

グーグルが私たちの個人情報を活用することで引き出す膨大な利潤の一部は、今日、いわゆる《トランスヒューマニズム》[訳注4]の到来を促すような諸研究に注がれている。問題となるのは、人間の表象が、以下の三つの軸を通じて構成される点である。つまり、すべてのこころの相互依存性、交流全体の束の間で移ろいやすい特徴（非永続性といった用語で表される）、それと存在の空洞化である。(6) この表象システムでは、各々が、世界をその総体として、情緒的に共振することを促される。ヒューマン／ノンヒューマンな、それぞれの世界の総体との共振が意味することは、この二つの世界がコンピュータの能力によって相互依存的になるということである。人間は実際に、自然界の他の要素と比較して、自らに特殊な本性を割り当てていない。人間とは、際限なく鋳造し直すことの可能な第一質量[訳注5]である。人間が自らを改良する計画は、教育的であることをやめると全体がテクノロジー一色へと向かう。そのうち実装（インプリメンテーション）[訳注6]できるような、人生の価値観や規範を学んだり、覚えたりしたところで一体何の役にたつというのか？　このような進歩は、人間がその生物的本性によって課せられる三つの限界を消し去ろうとすることを目標に定めている。それは、人間的存在に悲劇的次元を付与するもので、それぞれ生誕、労苦、死にあたる。これらは、ＮＢＩＣ（Ｎ―ナノサイエンス、Ｂ―バイオテクノロジー、Ｉ―情報科学（ＩＴ）、Ｃ―認知科学）といったタイプのプログラム、あるいはＧＲＡＩＮ[訳注7]によって、ゲノム科学やロボット工学の研究を第一にすすめていくことを選択した場合に、探求される三つの目的である。出産や出生は、クローン技術や体外受精によって開かれた展望のおかげで変容するだろう。病気は、バイオテクノロジーやナノ医療が約束してくれる可能性によって、消え去ることになる。そして、望まれない死は、いわゆるアップロード技術、あるいは不変の材料物質に意識がダウンロードされることで、もはや存在しなくなる。シリコン・チップは、ほんの先取りした技術にすぎない。この再編成された人間、もっと正確にいうと、統合的に再生産された人間の幻想（ファンタスム）は、《サイボーグ[原注3]》と呼ばれ、

訳注４：「超人間主義」などと訳される。日本トランスヒューマニスト協会の提唱によると、「トランスヒューマニズムは、科学技術を積極的に活用することで生物学的限界を超越しようとする思想および運動、そして哲学」。

訳注５：アリストテレスおよび中世スコラ哲学の用語。何ら形相も性質も有しない、現実には存在しない純粋質料で「共通物体」ともいわれる。

訳注６：目的の機能を実現するためコンピュータにハードウエアやソフトウエアを作成したり調整すること。

訳注７：Genetics, Robotics, Artificial Intelligence, and Nanotechnology の略。

原注３：サイボーグの姿形は、ポール・バーホーベン監督作のハリウッド映画『ロボコップ』によって一般にも普及した。

トランスヒューマニズム哲学の主要な軸を構成している。

この三つ組みの計画は、人間を究極的に、自らの肉体の偶然性から解き放ってくれる可能性をめざしている。最終的な跳躍は、レイ・カーツワイル[訳注8]によって《シンギュラリティ》（技術的特異点）と名づけられ、新たな人間性のはじまりを特徴づけている。私たちの心的生活が不死性を帯びるように、人間の精神を不死の機械の身体（ボディ）に移植できる可能性へとつながっていくだろう。テクノロジーが発展し続けることは明白である以上、テクノロジーの刷新を通じて、ロボットの身体（ボディ）をさらに完璧なものへと変化させる必要が生じることになろう。

しかし、この潮流に沿って、たとえ成果が得られたとしても、もはやそれは全く人間的なものでなくなっていることだろう。そこにアクセスできる特権的な者と、そうではない他の大多数の人たちとの間に、避けがたく乗り越え難い断層を生じることになるだろう。人工装具（プロテーゼ）の価格が、腕一本に数百万ユーロもかかるとなれば、そこに不公平感を感じる者も出てこよう。同様に、最初のトランスヒューマニストたちの装具の超人的な性能や不死性、そして脳の相互接続性によるコミュニケーションは、それらと縁のない人たちにとっては、たちまち脅威にうつることだろう。トランスヒューマニストたちが、それに対して自衛するようになれば、隔てられた空間で生きるために高い防壁を築いて、ロボットの軍隊によって守られるようになるにちがいない。

それにしても、このような不死の存在の生というのは、本当にうらやむべきものだろうか？不死の生を信奉する者たちは、私たちの貧弱な肉体的な結びつきは些末なことであり、情報プログラムの相互接続性というつながりが、強烈な心地良さを保証してくれるのだと主張する。どうやらこれは、出会いの欲望が、融合的な欲望に変わっているようである。東洋の叡智にみられるような、性の相違を宇宙論的な力の支えとして統合していくやり方は、出会いに解剖学的な性の相違を必要としないものの、そこにバイオテクノロジー的な等価物が見いだされる。そこにはもはや、たったひとつの欲望しかないことになる。それは、巨大な全体のなかに溶け込みたいという欲望である。この観点からみると、性や心的葛藤性の相違を通じて構成される人間の欲望に焦点を当てる精神分析は、（トランスヒューマニズムにとり）敵というか、相容れないことは明らかである。そもそもフロイトは、「大洋感情」などというも

訳注8：Ray Kurzweil（一九四八～）、米国の発明家、未来学者。代表作に『*The Singularity Is Near: When Humans Transcend Biology*. Viking』（邦訳『ポスト・ヒューマン誕生 コンピューターが人類の知性を超えるとき』井上健訳、NHK出版、二〇〇七年）。

のを信用せず、むしろ警戒的であった。[訳注9] トランスヒューマニズム計画は、フロイトの理性（というより見解の正しさ）を示しているようにみえるのである。

訳注9：参照『文化の中の居心地悪さ』（フロイト全集 第二〇巻、岩波書店、二〇一一年）。宗教性の本来の源泉は多くの人が共有する主観的な感情であって、「大洋的」感情であるとした作家ロマン・ロランの主張に、フロイトは懐疑的であった。

第四章　対象と結びつける曖昧な欲望

ロボットと私たちの関係において、人間的モデルがどれほど重要であっても、そこだけに限定すると非常に単純化してしまうことになる。実際のところ、大部分の具体的状況において、ロボットは、ひとつの対象（オブジェ）としてつねに知覚され続けるだろう。おそらくは超のつく対象だが、それでも、ひとつの対象である。そういうわけで、私たちがもしも、ロボットを受け入れる心づもりならば、日常生活における普通のありふれた対象（オブジェ）に、私たち自身も時に気づかないうちに担わせている役割をすべて理解することが肝要である。私たちは実際に、ロボットとともに多彩な感情表現を体験するが、近しい人との関係では行使することを断念する希望や不安でも、ロボットという対象にはつい注いでしまいがちである。つまり問題は、一般に後悔したり不安を感じない限り、私たちはそのことをほとんど自覚しないという点である［原注1］。この問題は、かつてジルベール・シモンドン[訳注1]によって論じられたような、西欧における《機械の本性と本質》(1)に関して保持されてきた無知に起因するのだろうか？　西洋文化が、機械を利用する者たちに、この点について、より深く理解させようとは決してしなかったことは確かである。こうした傾向は、デジタル技術の到来とともに、さらに強まっている。自動車がその好例である。三十年前には、シトロエン・2CV[訳注2]の所有者はみな、機械に精通していることを余儀なくされていた。今日、エンジンは非常に複雑化して、そのメカニズムは一介のアマチュアが理解できる範囲を超えている。しかし、シモンドンの指摘は、それ自体は正しくとも、私たち西洋文化が、機械を掌握するなかでつねにみられた無知について考慮に入れていない。なぜなら、この無知は、技術的対象それ自体に注がれているばかりか、私たちそれぞれと、各々が使用している対象とのあいだを結びつける諸関係＝つながりに関することでもあるからだ。西洋文化が、諸対象との豊かで複雑な関係の創出を妨げてきたわけではない。けれども、こうした関係に、例えば日本の文明がそうしてきたような、はっきりした解釈を付与することを怠ってきた。日本文化においては、対象への愛着は、よく知られた、儀礼化したひとつの性向である。西洋では、実にそれは、思考されたことのないものである。

誕生から死まで

人間の生とは、個人の近しい人たちの生のみならず、その人を取り囲む諸対象の生とも不可分である。(2) その証拠に、古代の墓のなかには、死者とともに、その人の生前の一時期を通じ、故人とともにあった装飾品や武具、調理用具などが見いだされる。時には、その人と密接なつながりのあった動物や奴隷たちの亡骸すら、付随して埋葬されることがある。こうした諸対象との結びつきは、人間性が生じて以来みられる、ひとつの人間的態度である。そうでありながら、そのことがしばしば顧みられていないのではあるが。そのことは、もはや使われなくなった対象と私たちとをつなげる愛着や、それを自分の近くに留めておこうとする《理解不能な》欲望に対する、時として私たちが感じる恥の感情が示している。しかし、ロボットとともに、

原注１：こうした問題系は、特にマルティン・ハイデガーやジャック・エリュルの諸研究のなかでみられる。
訳注１：Gilbert Simondon（一九二四〜一九八九）、フランスの哲学者。科学認識論の系譜で、個体化論や技術論を提唱した。邦訳『個体化の哲学：形相と情報の概念を手がかりに』（法政大学出版局、二〇一八年）。ほか参考として、宇佐美達朗著『シモンドン哲学研究：関係の実在論の射程』（法政大学出版局、二〇二一年）。
訳注２：フランス・シトロエン社によって戦後開発され、広く親しまれたた小型大衆乗用車。

私たちの対象へのアタッチメント（愛着）の重要性に無知であり続けることは不可能となるだろう。私たちは、ロボットとの関係について、それを単なる道具として利用するだけに留まらないことを考慮に入れておく必要がある。私たちはロボットを愛し、自分たちをロボットと結びつけて、ロボットが本来、私たちに提供しうる以上のことを期待する。さらには、私たちは、祖父母や両親の箪笥やクローゼットのなかに、もはや使われず無用になった対象（オブジェ）［モノ］がしまわれているのを見つけて、それらが保管されている理由について自問することがある。その理由を語れるのは、当の親や祖父母たちだけだろう。もちろん、当人たちがその理由について知っていればの話であるが。人生を通じて、私たちは何かしらの対象に、それらが私たちに提供してくれる具体的サービスとは共通の尺度で測れない重要な意義を付与しているのである。

私たちが日常的な対象に担わせているさまざまな役割についての研究は、それゆえ、私たちのロボットとの関係性が、将来的に、どのようになっていくかを予測する上で不可欠な経路である。ここで「関係性」という用語は、知的、身体的それに感情的には無論のこと、あらゆる次元でとりあげるべきことは明白である。この観点から、ルイス・ブニュエルの有名な映画タイトル〔訳注3〕をパラフレーズしていえば、私たちにとりつく（＝宿る）「諸対象への曖昧な欲望」に関心を示す機会を、これ以上にないほど提供している。ロボットは、私たちに、そうすることを義務として課しているのだ。ロボットは実際に、途切れのないさまざまな発見の連鎖のなかに、その存在価値が見いだされる。数多くの発見を通じて、人間は、だんだんと複雑で、より自律性をもった対象を作り上げていく。ロボットは身体的能力を次々と引き受け、計算や記憶といった高次機能能力を司り、いずれは意識の特質や属性を模倣できるようになるだろう。将来的になされうるロボットの利用法や間違った使い道を理解するには、私たち人間という存在を通じて、ロボットを人生の伴侶とみなす何らかの対象理論の構築が肝要である。さらに望ましいのは、私たちそれぞれにとって、今日、諸対象が果たしているすべての機能について探求すること、ロボットが改良され発展する上で、しかるべき機能がどのようなものかを理解することのように思われる。

しかし、この問いに対して良質な条件下で取り組むには、私たちは以下にみる初歩的な誘惑から解放される必要がある。誘惑とは、私たちが諸対象と保っている複雑な関係を、広告業界が望んできた二つの次元、すなわち自尊心と帰属願望に還元してしまおうとすることである。

訳注3：ルイス・ブニュエル（Luis Buñuel）。スペイン出身の映画監督、メキシコに帰化した。ここでは邦題『欲望のあいまいな対象』（*Cet obscur objet du désir*）（一九七七年公開）を指す。

ロボットが私たちの日常生活に配置されるようになると、製造会社は当然のごとく、私たちにそれらを売りつけようと自尊心をくすぐってきたり、特権的で閉鎖的なクラブに帰属していたい欲望をそそることになろう。だが、こうしたロボットと、私たちとの関係の現実は、まったく違ったものである。実際に、購買意欲を喚起させるのに用いられる広告の原動力は、対象が生涯のパートナーになると直ちに私たちを対象と結びつける、アタッチメントのゆるやかなはたらきとは何ら関係がない。ある対象についての購買意欲は、しばしば広告が、極めて巧みに関連づけする想像的な部分とつながっている。それに対し、ある対象に私たちが執心する理由は、共有された物語＝歴史を通じて構成されていく。所有されて用いられた対象は、実際には、私たちが当初、想像していたものとはつねに違ってくる。対象は、私たちの空間的、時間的な持続性に、いかなる広告も予測しえないような仕方で関与する。そして、こうした関与の仕方は、数多くの経路を利用しうる。対象は、私たちを引きつけようと多くのトリックをしのばせているのだ。成人で最も頻繁にみられるつながりは、特に重要な移行の諸契機をめぐって構成される。それは例えば、カップルの誕生、就職あるいは転職などである。まるで、ある対象が、こうした人生の通過点を象徴化しつつ、《それ以前》と《それ以降》とを具象化させるかのように。そうした場合に該当しないときでも、対象を利用するという事象は、つねに、私たちを対象と交雑させる効果をもっている。対象は、私たちの物語＝歴史全体の一要素となって、新たな欲望や関係が、絶えず、対象に関する私たちの利用法を引き出していく。まさにそこが、私たちの省察が始まるところである。すなわち、期待された対象と実践された対象とを混同している考案者たちが足を止めるべきところなのだ。従って、私たち人間の同胞（似た存在）への依拠に続いて、ロボットへの曖昧な欲望を理解するための第二のモデルは、日常の対象と私たちを結びつける欲望の多様性である。

幼児とその「お気に入り」[訳注4]

生まれたばかりの赤ん坊は、自分と周囲の対象との区別がつかない。乳幼児は対象を、自分の唾液や糞便などと同じように自分の身体の本物の延長物であると認識する。そのため、自分自身の統合された部分として対象にしがみつく。(3) だが、赤ん坊は、自分の世話をしてくれる大人との定期的な触れあいのなかで、例えば、おっぱいや哺乳瓶から始まって、[原注1] 自分とは異なる

訳注4：ドゥドゥ（doudou）。赤ちゃん言葉（幼児語）のひとつ。子どもにとって大切なもの、ぬいぐるみやタオル（〝安心毛布〟）などを指す。

特別な対象があることを少しずつ見いだしていく。対象は、そうして、少しずつ客観的に知覚されるようになり、赤ん坊は、自分が使用したものに応じて学んでいき、世界を認識する。[原注2]しかし、乳幼児にとって、すべての対象が等しく同じというわけではない。しばしば、他ではなく、まさに「この」対象によりしがみつくといったことが生じる。赤ん坊の関心が、ひとつの対象(オブジェ)に固定されるのだ。一般に赤ん坊が興味を示す対象は、ふわふわと柔らかくて可鍛性(展性)を備えて、他のいかなる対象でも取り換え不能なものである。子どもに、別の同じもの、例えば同じ〝フラシ天〟[訳注5]などをすすめたとしても、子どもはすぐにそれが代用物だと認識する。[4]こうした対象とは、子どもが意のままに受け取ったり手放したりできるものの正確な延長なのではなく、まさに子どもの一部分なのである。幼児が、もしも自分のものを失ったり、忘れたりすると、「不完全である」ことの強烈な不安が子どものなかに呼び覚まされる。一九六〇年代より小児科医のドナルド・ウィニコット[5]は、赤ちゃんが四〜十二か月の間に、特別な関係を確立することに気がついて指摘していた。ウィニコットは、この対象の安定性が、母親が女性として元の生活に戻ること(再備給)によって増大する「自由に母親を利用できない」感覚を代償するという仮説をたてた。この特別な対象が、幼児を、見知らぬ新たな状況に順応できるようにしてくれるのである。

その当時、《お気に入り》という言葉は、まだ存在していなかったので、ウィニコットはこうした対象について《移行的》と表現した。実際に、これらの対象は、子どもが母親からすべてを期待する契機（モメント）と、子どもが体系的・無条件にはそれを満足しえないことを受け入れる契機への移行を保証している。二つの契機（モメント）の間で、幼児は自分の《お気に入り》からすべてを期待することであろう。言い換えると、ある対象への正常なアタッチメント（愛着）は、限定された期間しか持続しない。それは子どもが、その対象から自ら分離していくとともに、はじめは母親（あるいは母親代わりに自分の世話をしてくれた人物）との間で、それまで構築していた専制的かつ排他的な関係性を放棄することを受け入れるのに不可欠な時間である。子どもはそうして、かつてはまず母親と、続いて移行対象に対して行ってきたような、完璧に状況を統制

原注1：前者（おっぱいや哺乳瓶）が、乳児の知覚的世界において、最も受け入れられやすいモメントで導入されるという条件つきである。これはウィニコットが《対象の発現》と呼んだ母性の機能である。「抱え（ホールディング）」、「ハンドリング」とともに、この年齢での母親的な三つの活動性の柱のひとつ。

原注2：これはピアジェによる知能発達の第一段階である。誕生から十八〜二十四か月までの《感覚–運動》段階と呼ばれる〔邦訳：ジャン・ピアジェ、ベルベル・イネルデ『新しい児童心理学』（波多野完治ら訳、白水社、一九六六年）〕。

訳注5：クッションやぬいぐるみで使われる布の表面に毛が立っているものを指す。

することを断念して、諸々の社会関係に備給することを受け入れる準備が整うのである。(6)

二歳になると、幼児は、他にたくさんの対象に備給することで、それら対象を自分とは異なる別個のものだとはっきり認識するようになる。赤ん坊は、自らに属するものを同定して、それを保持するため、さらには他の人のものまで横取りしようと全力を傾ける。(7) この状況がより一層、頻繁になると、ある幼児が示す対象への興味や関心が、別の幼児の関心を引き起こすようにもなる。幼児を導く欲望は、擬態的(ミメティック)なのである。幼児は、独り占めしたばかりの対象を共有することに耐えられないものだが、同時に、そうと決めると、他のものに興味を示して、あっさりとそれを手放すこともできる。幼児が特別な対象と遊ぶときには、すすんでその対象に、自分の生活と関係する役割を与えて演じさせる。例えば、罰を与えられた幼児は、自分の人形に対して罰を与える役割を演じる。あるいはまた、望んでいた通りにあやしてもらっていなかった子どもは、人形を可愛がるし、反対に、自分が打ち捨てられたと感じていれば、人形を投げ捨ててしまうだろう。また別の場合には、幼児はその対象に話しかけたり、「おはなし」を語ったりする。まるで大人がその子どもに向かってするようにである。幼児は、こうして、自分の特別な対象たちとともに、失望、怒り、情緒的な動きなど、関わっている大人との体験すべてを一種の私的な劇場のなかで再演する。すべては、子どもに望まれている限りで、対象ともにしばしば再演されうる。

　成長するにしたがって、子どもにとって対象となる環境は増大し、対象に盛り込む役割も多様化する。男の子は、小型モーターを備えた対象を作動させることに快を見いだす。「掃除機をかけてみたい」とせがむ子どもは、必ずしもゴミを吸い込んでみたいわけでも、ましてや《パパやママのように》やってみたいだけでもない。子どもは、掃除機が自分の手のなかで、唸りをあげて稼働するのを感じてみたい、自分がそれを扱っている主（あるじ）であると感じとれる素晴らしい幻想を享受したいのである。掃除機の背面に機能を調節する装置がついていれば、子どもは壊してしまう心配もせず、そこに目をつけるだろう。こうした態度は、自家用車を最大スピードで運転することに本物の享楽を感じる運転手にもみうけられる。超過スピードで運転する快よりも、自己満足から車の性能の極限までスピードを出すことを求め、自分が自動車という献身的な奴隷の主であると感じる快の方が大きい。完全に自動運転で制御された車など、私たちからその快を奪うものだ。それでも、オンラインやビデオゲーム上では、なおも自動車の運転コースを手動で走らせる快が残されることだろう。

思春期の子どもたちと鏡―対象

対象へのアタッチメントは、思春期の頃に頂点に達する。この年代を通じて、子どものこころには、容姿や身体的変化や新たな感情を体験することで、実際に数多くの再編成が生じる。周知のとおり、子どもにとって性的な欲望は、それまで習慣として身につけていた静穏な優しさを揺り動かす。そればかりか、むら気やイライラも生じるが、その怒りは小児期に生じる癇癪（かんしゃく）とはまったく異なる。それにまた、どうにも静まらないような不安も生じて、親ですらそばに近づくだけで険悪となり、これから出会う恋人や恋愛的な出会いも脅威となってくる。たくさんの動揺に直面して、思春期の子どもは、自分を見失うのではないかと心配する。思春期の少年少女は、もはやかつてのような「子ども」ではないが、とはいえ自分が夢みた理想の大人にも、いずれは自分もそんなふうになるのではと心配する大人にもまだなっていない。そのため、青少年は手慰みとしていろいろな対象を求め、その対象とともに、不可欠な連続性を保証しようとする。それは、その人のアイデンティティを覚知する上で、欠けていたところである。

時には、昔のお気に入りグッズや使い古されたレゴブロックのように、思春期が到来しても、どうしても手放さず取っておこうとする幼い頃の玩具もみられる。それと並行して、人気ブランドマークのついた衣服など、いずれ大人になることを想定した新たな対象も選定していく。この時期の子どもは、一種の《物質主義》を発達させ、自ら所有する対象の物量と自己価値観とをつなげ合わせるようになる。こうした同化[訳注5]という実践は、思春期の頃に頂点に達する。(8) この実践に対抗する最善の方法は、思春期の子どもの自尊心を補強すること、つまり本人が実現したことを褒めたり、これから実現させようとする計画を後押しすることであろう。

だが、思春期の子どもは、単に同化するばかりではない。少年少女は、ある形式の関係性をも創始するが、そのなかで対象は鏡の役割を担うことを求められる。特にそれは、被服という対象（オブジェ）との間で明白となる。思春期の青少年、特に少女にとっては、お洒落な被服を通じて、自分が夢見るような己の姿を思い描ける手段が得られる。被服選びによって、少女にとっては化粧も同じであるが、それまで両親から自分に注がれていた反映とは関係なしに独自のアイデンティティを構築することができる。被服のもつ鏡の役割は、それ自体が作り出すイメージを通じて——よく知られた自撮り者（セルフィー）概念であるが——、友人たち同士で交換され拡散していく。(9) す

訳注５：accumulation：後述するＪ．ピアジェの提唱した発達心理学の概念。

なわち、思春期の少年・少女たちが被服の交換に加わるとき、若者たちは被服のみならずアイデンティティまで交換しているのである。お互いに被服を交換しあうことは、それゆえ、対象を介して他者との鏡の関係を創出する手段となる。

しかし、対象の鏡の機能が、被服にしか関係しないと考えるなら誤りとなろう。乗り物を運転する多くの若者が、自分のバイクや自動車との間で築き上げる関係性は、まさしく同一化という問題を指し示している。[10] 自分の車やバイクの色彩をどうするかに細心の注意を払う若者もなかにはいるし、週末になると洗車して綺麗に手入れしたり、装飾をこらして私的な対象物（オブジェ）で内装を満たす者もいる。所有者は、自らの身体空間と等価なものとして、車内に写真やキーホルダー、ドアの壁面には付箋やステッカーを貼ったり、色々と飾り立ててカスタム化し、車内空間を変容させることができる。それは無論のこと、自分の所有であることを印づけるとともに、車を鏡のように、自己の延長物として扱うやり方でもある。その証拠に、自分の車やバイクを洗浄したり、つや出しや装飾に多くの時間を費やす若者たちは、自分自身のことにはそれほど時間をかけない。[11] 社会化における、自分の身体や、身に着ける被服への配慮は、重要な役割が備給された特別な対象に配慮を示すことと同じく、自尊心が養われるようである。３Ｄプリンターで組み立てた自動車の考案者たちは、自分の車を好みに合わせて極端にカスタム化したいという多くのユーザーの欲望を前に、さらに大きな市場をみすえている。私たちは、車ではなくロボットとでも、同じような生活を営むことになるのだろうか？　それは、十分にありうることである。

成人と同化

成人の年齢に達すると、対象の二通りの使い方が、よりはっきりと表れてくる。このやり方は、すでに思春期の頃の実践のなかに胚胎していたのだが、それが極めて広範囲に表れてくる。この二通りの使用法が、極めて重要であるがゆえに、研究者たちはこれまでずっと、そればかり着目してきた(12)。一つ目の使用法は、対象に特別な地位を認めることにある。それは幻影ではない。例えば、ワニのマークのついた洒落たブランドTシャツを着ている人は、ブランドのマークがついていないTシャツや普通のシャツを着ている人よりも裕福であることが容易に認識されよう。前者の人たちは、仕事により採用されやすく、また慈善団体への寄付を募ると支払いに応じてくれる可能性が高くなる(13)。しかも、こうした肯定的効果は、洒落たTシャツやワイシャツの保有者が、まさしく当人であることがはっきりして、はじめて発揮されることまで示されたのである。

いくつかの対象の探求を説明する上で、通常まず先に行われる二番目の使い方は、社会集団との結びつきに関するものである。対象のおかげで、その帰属を特別な消費者コミュニティに向けておおっぴらに示すことができる。このことは、「欠けたリンゴ」マークのロゴの入ったブランド商品という対象を入手するのに、店頭に並んで何時間も費やす人たちがいることを説明してくれる。その人たちは、お目当ての対象を手に入れるために、どんなに高額でも支払う心づもりでいる。なぜなら、そうすることで、一種のエリート的地位への帰属感が得られるからである。市場のマーケティングは明らかに、購買者のこうした傾向について綿密に調査している。高級ブランドの愛好者コミュニティが、伝統的な郷土愛または宗教的コミュニティによって従来、担われてきた場を占めることもある。マーケティングのスローガンを製作するブランド業者が、無頓着に乗り越えていくことは小さな歩みにすぎないとしても、私たちはブランドに対する新しい信仰形態をみてとるべきなのだ。

とはいえ、対象が、自尊心の支えや帰属感のしるしとして重要であるとしても、その他にもいくつもの機能を満たすことを銘記すべきである。しかも、幼少期に存在した対象は、決して消え去ることがないゆえに。そもそも、鏡―対象とは、絶えず私たちに随伴するものである。私たちが、対象のなかに己自身をみつめることは、同一性の感覚にも寄与する。こうした使い方は、他人の目からみて特別な地位に価値づけしてもらいたい欲望と混同すべきではない。ここで重要なのは、ある対象に割り当てたり、他者によって付与された社会的価値とは無関係に、私たちは、対象と、ひとつの物語＝歴史を共有することである。

こうした鏡―対象はまた、思春期の頃にパートナー間で交換される被服と同じ役割を果たしてもいる。パートナー同士が、この交換を通じて相互認識するのである。それゆえ、あこがれていたり、あの人のようになりたいと願う当の相手のものであった対象を所有することを、非常に重視する人たちもでてこよう。たとえ、その対象が、当人の周りからみると、何ら変哲もないものにみえてもである[14]。こうした対象に授けられる感傷的価値というのは、思春期の青少年、とりわけ被服の交換を通じて少女たちに生まれる感覚と全く同じものである。対象の所有は、ただ単に、敬愛していた前所有者に対してオマージュを奉げるやり方というだけでなく、その人に近づくため、さらには、当の称賛する相手と接触のあった対象の親密さのおかげで、その人のようになろうとする試みでもある。当の相手が有名人であると、この心理的、情感的プロセスは無論のこと貨幣的価値によって倍増するが、お金とはまったく無関係な価値も存在する。

最後に、私たちが年を取ればとるほど、対象はいわば、私たちの思い出の受け取り手となることを求められる。そのなかでも、成人年齢に達する際に、それまで付き添ってきた対象が、極めて大切な役割を果たしている。特に、人間にとって自動車の場合がそうである[15]。そうして私たちのアパートや、時にガレージは、だんだんと、私たちの物語＝歴史の重要な契機を証言することぐらいにしか役立たない対象（オブジェ）でうめられていく[16]。洪水といったカタストロフの被災者たちを避難させる任を負った救助隊員たちは、次のような救助場面に遭遇することがある。それは、自分が手放したくない対象をもっていけるという条件でしか、家を立ち去ることを受け入れようとしない避難対象者たちである。けれども、高齢者によって慣れ親しんだ対象に付与される重要性は、過去の記憶に関してだけだと考えてはいけない。高齢者は、対象を通じて、自らの元気だった頃の身体の記憶も維持している。その人を取り囲む対象はそれぞれ、実際にその人のアイデンティティとともに、対象そのものの所有を根拠づける特定の身振りにも相応している。老健施設に入所して、身近な親しみある対象を欠いた高齢者が、突如として記憶を失うことが稀ではないのは、そのような理由である。対象は、その現前性を課しているさまざまな操作を通じて、感覚の連続性を維持しているのである。

日常的対象とのアタッチメント理論に向けて

人間は、対象を、考案された使用法に従って利用していても、それらをいろいろと別な用途にも役立てることを理解してきた。対象について、考案者が想定していた意味のなかで利用しているものと考えていると、私たちと対象をつなぐ感情や情動の信じ難い側面を忘れてしまいかねない。なぜなら人間とは、対象を考案したり所有するよりも先に、まずは夢見る存在であるからだ。人間はそこに、それぞれの対象と共有する契機までも夢想している。

ウィニコットの概念に話を戻そう。ウィニコットはすぐに、子どもが自分の移行対象と確立する関係性が、長期的に持続しうることに気づいた。子どもが選んだ対象は、その子どもにとっての人工装具（プローテーゼ）となる。子どもはもはや、他の人間との諸関係ではそれを用意せず、代用しようとする。所有者にとってそれは、欠けている何かの代理となる。ただ、ここで欠如しているのは現実の存在か、あるいは、決して存在しなかった想像的な創造物である。米国のマンガ『スヌーピー』[訳注６]は、こうした状況について一般読者になじみあるものとして描いてくれる。幼

訳注６：チャールズ・シュルツ作、原題は『ピーナッツ（*Peanuts*）』。ライナスはルーシーの弟。

いライナスは、自分が指しゃぶりをするブランケットを絶えずもっていないと外出できない。勿論、こうした子どもが大人になっても、みんなが肌触りの良い毛布（フラシ天）を大事に傍らに保管している——なかにはそうする者もいるだろうが——わけではない。大人になると、毛布にかわる別の対象を見つけだしている。それは古びた電報カードや葉書、ペーパーナイフなどである。ウィニコットはその際、フェティッシュな対象について述べている。無論これを、性的フェティッシュと混同してはならない。なぜなら、問題となるのはアタッチメントであり、性化された関係のことではないからだ。

一九七〇年代に入ると、研究は新たな歩みへと踏みだしていった。ジョン・ボウルビイの先駆的な諸研究に引き続いて、精神科医や心理学者たちは、だんだんと、パーソナリティを構築する上で、各発達段階におけるアタッチメントの重要性に気づきはじめた[17]。それ以来、アタッチメントは、今日までつねに広がりをもち続けている概念である。当初は、赤ん坊と母親との絆を結びつける発達早期のあらゆる関係性という枠組みで研究されていたが、そのうち人間の総体へと応用され、人間の生涯を通じたアプローチになっていく。アタッチメント理論が広がるにつれ、私たちが帰属する制度や飼育動物にも応用されていった。今日、私たちは新たな専門分野や学派を創設して、アタッチメント理論のなかに、私たちの生活と関わりをもつことを選択した諸対象［モノ］まで含める必要があるだろう。実際に、対象は、世界に向けた私たちのアイデンティティの構築のみならず、精神的な安定性にも関わる。さらには、非常に強く思い入れのあった対象と離れざるをえないことは、情緒的緊張や、生きづらさを生み出す。それは、人との実際の別れで生じるものと全く同じである。

このようなアタッチメントの特性は、神経科学的研究によって実証されてきている。脳活動を視覚化する研究によって、被験者に対して、他人に所属するとみなされた対象より、自分に所属するとされた対象を提示すると、脳の前頭前野内側で有意に顕著な反応がみられることが示唆された。また、被験者が自身のパーソナリティを説明した複数の形容詞を評価する際に、同じ領野において補足的な脳活性化が観察された。それによると、「自分自身の外部の物事と自分とを、特性や属性を通じて関連づけるとき、自己内省に関与することがわかっている脳領域も、同様に関与している」ようである(18)。

アタッチメントは、対象を購入したときの事情や状況と関連することもあれば、誰かの死を契機に、亡くなった人の子孫が、相続した対象を通じて、故人との特別な関係が結ばれた感覚を生じて宿すこともある。その対象が失われたり、盗まれた場合、まるで大切な存在がいま一度失われたかのように、深刻なうつ状態を引き起こしうる。このような形の対象とのアタッチメントは、高齢者においてしばしばみとめられる。年老いた人は、亡き大切な人を思い起こす、眺めてもそれほどつらくはならない対象を保管しておこうとする。高齢者に限らず、誰もがこうした状況に自分が置かれうることがわかるだろう。私たちは、この世で永遠の別れとなっても、決して忘れまいと心に決めた相手——祖父母や両親、親戚、兄弟姉妹、配偶者など——を想起させてくれる対象（オブジェ）を保管している。それは、対象を介して、私たちに想起させ、生きた証を示すやり方であると同時に、自分の記憶に誠実なまでに固執することでもある。時には、こうした対象を、故人と私たちとの間の介在物にしようとさえする。私たちは対象とともに、こころのなかで、かつてその所有者に伝えたかった言葉をそっと抱えている。人によって、それは、故人の写真に宛てて話しかけるようなものだ。ここで、エティエンヌ・シャティリエ監督[訳注7]の映画作品で、役者の好演がひかった『タチー・ダニエル』[訳注8]を思い浮かべる人もいるだろう。近しい人の所有物であった対象に、話しかけることは可能である。少なくとも、自己内の対話を通じて相手に語りかけることができる。こうした対象は、思春期の子どもたちの間で交換される被服のように、一種のインターホンの働きをする。引き継いだ所有者は、対象を通して交流することができるのである。

結局のところ、アタッチメントは、自らの意図や感情、思考の環境全体を身内や仲間などに帰属させようとする人間の一般的傾向によって強化される(19)。その痕跡は、言語活動（ランガージュ）のなかに見いだされよう。例えば、フランス語で《saule pleureur》[訳注9]と呼ばれる樹木があるが、その名前の由来は、明らかに木の枝が地面に垂れ下がって、それが悲しみを呼び起こすからである。ルノーのトゥインゴ（*Twingo*）[訳注10]の初代モデル車は、半月型の標識ランプがついていたおかげで、《無垢で好奇心があるようなまなざし》にみえることから、しばしば人気を博していた。なかには、明らかにこの傾向に沿って新車を考案するデザイナーもいる。デザイナーは、対象（オブジェ）について、人間性を一部備えたパートナーととらえている。栓抜きを執事のような恰好にしたり、食卓塩入れの外見を女性給仕人の姿にデザインする。二つ穴をあけて目にして、にっこり微笑んで、「ほら、よくできているでしょう」。私たちは、こうした対象（オブジェ）［モノ］にみられている、認識されているといった幻想に容易にのっかってしまう。これらは、自尊心をくすぐる魔法の

訳注7：Etienne Chatilliez（一九五二〜）、フランスの映画監督。ひきこもりの子どものいる家族をユーモラスに描いた〝*Tanguy*〟（『タンギー』二〇〇一年）ほか多くの佳作映画を発表。
訳注8：一九九〇年公開。邦題は『ダニエルばあちゃん』（一九九一年公開）。
訳注9：シダレヤナギを意味する。
訳注10：ルノーが開発した小型乗用車、二〇一六年より日本向け仕様車が販売。

鏡と同じくらい、私たちにおもねる対象である。それは、対象に内在する価値によるというより、対象からの視線が、所有者という私たちの地位を承認してくれるためである。鏡─対象は、私のアイデンティティと同時に、その対象を所有する私の「つながり」をも認証してくれるのだ。

今日、私たちのなかには、自分たちがスマートフォンにひどく依存していることに驚愕し、そこに罪悪感を見いだす者もいる。だが私たちは、つねに対象に依存してきたのだ。そのことに、今まで気づこうとしなかったことが問題である。私たちの文化は、《自立し独立する》ことを私たちに命じてきた。なじみのある対象に、いくらか依存していることを認めるのは、プライドが傷つくことでもあった。おそらく、スマートフォンが、被服や眼鏡と同じくらい大事になっていながらも、そのことに引け目を感じる人がいるのは、そういった理由からだろう。将来的に、それが私たちに不安／安心のどちらを感じさせようと、いずれはスマートフォンではなく付き添い用の補助ロボットが個人的アシスタントの役割を担うことになるだろう。自律能力をもつロボットという対象が、私たち自身や近しい人たちの生活の最も重要な局面に、多様な仕方で寄り添うようになろう。そのとき私たちは、こうした対象（オブジェ）と、どのような関係を築くことになるのだろうか？

第五章　「もの」の力

対象との関係について、私たちはさまざまなライフステージに沿って、年代別に考慮しながら検討してきた。この章では、対象のいろいろな機能について、詳しく検討してみよう。私たちの対象との関係は、四通りに分けられ、それらは同一の対象に対しても経時的に展開して変化しうる。その四つの機能とは、それぞれ隷属（奴隷）、共有された物語＝歴史の証者、いくらか公言できそうな活動への加担（共犯）、それに感情と関係性のパートナーである。今日、私たちが日常的な対象との、こうした可能性をもった関係に向き合っていなければ、将来的にロボットとの関係について考えることも不可能であろう。ロボットという対象とでは、実際に強烈な関係性がもたらされる。なかには、ロボットを単なる対象ではなく、ノンヒューマンな生体の新たなカテゴリーであると主張する者すらでてこよう。私たちと対象との諸関係には、その始まりから私たちを結びつける豊穣さと複雑さについて知らずにいたい気持ちと、知りたいと欲する曖昧な欲望があるようだ。

隷属（奴隷）的機能

私たちは、ルロワ＝グーラン[訳注1]の諸研究(1)を通じて、人間は自らの対象について、己の機能を敷衍すべく考案したとする見解と十分になじむことができる。靴や携帯電話、ナイフやフォークなども、それぞれ人間の機能を拡大させ、促進してくれる対象（オブジェ）である。私たちは、その極みとして、自動的機械に日常機能を全面的に委ねている。そういうわけで、家庭用の食器洗い機や洗濯機は、私たちのかわりに洗浄してくれ、オーブンは思い通りに調理し、ワープロは打ち込んだ文字を書いてくれる。こうした対象は、いわば、私たちの奴隷といってもよい。私たちは対象に、自分たちの期待することを、その通り正確にやってくれることしか求めていない。人間は、このタイプの、与えられた課題を実現する上で、自分たちの期待に正確に応えてくれるような対象をつねに作り出してきた。こうした機械は自律性をもっているが、「求められていることを正確に遂行すること」に厳密に限定されている。この観点からいうと、《知能をもつ》洗濯機について語るとしても、知能について極めて限定された概念に関してである。《知能をもつ》洗濯機とは、全くのところ洗濯という機能に完璧に適合した洗濯機、すなわち、洗濯物の生地の型やきめの細かさ、重さや汚れの度合いに合わせて正確に洗えるということだ。知能について、単一の課題や、取り扱う能力を複数の可能性のなかから一つに限定しない限り、洗濯機の知能について語ることが、どれほど馬鹿げているかがわかるだろう。

ただし、私たちは時おり、こうした対象と、考案者が当初全く予測していなかった関係性を構築することがある。その関係性には、第一義的に、その対象とともに私たちが体験する感情が存在する。対象を安心して使用することで得られる快は、それを乱用することで生じる享楽に取って代わる。すなわち、もはやサービスをまかせるためではなく、自分がその対象を統制する主（あるじ）である感覚を享受するためだけに対象を利用する。車を例に挙げてみよう。ある場所から別の場所へと移動するために自動車を運転する限り、その実用的機能を活用しているといえる。けれども、私たちが車のエンジンを最大速度まで上げて、振動を体感することに快を得たり、周囲に自分の力をみせつけるために、エンジンをふかして急速発進させるようだと、事

訳注1：André Leroi-Gourhan（一九一一〜一九八六）。二〇世紀フランスを代表する先史学者・社会文化人類学者。邦訳は『身ぶりと言葉』（ちくま学芸文庫、二〇一二年）【巻末第五章文献1】ほか『世界の根源』（ちくま学芸文庫、二〇一九年）など。

態は非常に違ってくる。自動車は、その場合、私たちの享楽の道具となる。「家族の良き父親の務めを果たす」といった、「マイカー」の表現とは、まるで正反対である。それは、あらゆる制限を押しやって、有名な《遠くまで旅をしようとする者は馬を大切にする》といった格言など考慮に入れず、［速度という］過剰さのなかで享楽しようとすることである。自動車を運転しても、遅い速度でしか走れなかった時代は、自動車の能力を最大限、発揮することができなかったが、利用者たちは、だんだんと移動する上で速度を求めるようになった。労働の奴隷は、いつでも享楽の奴隷に変容しうる。ロボットとの関係でも、同じようなことにならなければ、むしろ驚くべきことであろう。

証者的機能

ルロワ＝グーランが論述した状況と並行して、人間には、ある根源的かつ始原的な傾向が存在する。それは、対象を自分に差し向けたい、すなわち対象を自らの証者にしたい欲望である。例として、鏡をとりあげてみよう。鏡は、使用する人の機能を拡大することはない。鏡は、もうひとりの人間を欲望のなかに置き換える。そのなかで、各々が他者のまなざしのうちに価値づけられ、自己の反映を見いだして、愛せるようになる。このことは、『白雪姫』のお話が、子どもたちみんなに示してくれることである。物語のなかで、意地悪な女王が、魔法の鏡といつも会話をする。もちろん私たちは、女王がやっていたように鏡と話すことはない。それでも、鏡を日常的に眺めるとき、私たちは鏡との間で、一種の対話を形作ってはいないだろうか。そもそも、シャルル・ペロー[訳注２]が、こうした寓話の口承的伝統を作品にまとめて以来、人間が自分の姿をみつめられる対象の種類は、非常に幅が広がっている。まずは、写真——今日よく知られた自撮り者(セルフィー)たちの間で、写真がいかに重視されているかおわかりだろう——のみならず、医療用の画像スキャンやエコー、超音波検査などによってもそうである。こうした対象は、私たちに自分の身体イメージを与えてくれるし、それを記憶に留めておくことも可能である。それらは、私たちの一種の生活の証者であり、それ以外の方法では知りえないような情報さえも私たちに提供してくれる。[原注１]ついには、そうした対象が私たちの過去を最も頻繁に指し示すのであ

訳注２：Charles Perrault（一六二八～一七〇三）、フランスの詩人。民間伝承を子ども向けにまとめた『ペロー童話集』の作者としてしられる。

原注１：書くこと（エクリチュール）は、まさにこうした手段のひとつと考えることができよう。書くこととともに、人間は自分の思考や感情を、遠く隔たった相手に伝えることができるばかりか、それらを多くの人たちに知らしめられる可能性を獲得した。人間はまた、いついかなるときでも、自分の頭のなかに浮かんだ思考や計画や夢について、それを書き留めている限り、再び取り出せる可能性も獲得したのである。

れば、対象が私たちの現在または未来の証人にすらなりえるだろう。

過去の証者

こうした対象と結びついた記憶は、相応の質を付け加えることで対象を豊かにするが、対象自体を変化させることはない。対象は一般に、ランプやソファーといった家具のように、考案された使用目的の機能を備えている。けれども、それらは同時に、対象と関連した強烈な瞬間(モメント)を表してもいる。例えば、ソファーを購入した場所であるとか、贈り物としてもらっていた記憶、遺産として受け継いだ、といった諸感情である。まるで私たちの思い出が、すべては当該の対象のなかに眠っているかのように。とはいえ、思い出が呼び覚まされたり、それについて語り始めない限り、そうなることはないのではあるが。そのような理由から、私はこうした対象を、生き生きとした記憶を保持するものと定義づけした。それらは、《公然の話、内密であるかにかかわらず、私たちの夢の道路標識であり、私たちを世の中となじませ、同化させるツール(2)》である。所有者がこだわっていたり、大事にしている主題が付着した語りには、自分自身について語る内容も含まれている。対象について語るのは、それと関連する思い出を駆け巡り、その記憶に親しくなじませるやり方なのである。

実際、こうした対象につなぎ留められた記憶は、たとえそれが明確に表れていなくとも、何らか作用しているものである。私たちが、ある対象を手に入れるとき、その瞬間(モメント)に付随していた感情が動員される。その対象を使うたび、気づかないうちに、私たちはそうした感情を揺り動かされている。そうして少しずつ、対象と共有された経験を通じて、対象につなぎとめられた感情は、私たちの心的生活のなかで適切な場所を見いだしていく。その場所では、意識から離れていても、近からず遠からず、体験する・しないも意図的に選択可能で、感情が露出される。言い換えると、私たちが親密な経験をこうした対象とどのようにつなげるかは、あるプロセスの最初の契機(モメント)である。それが、こうした経験の漸進的同化という二番目の契機をもたらす。このプロセスは、対象との複数のコンタクトを通じて、ほとんど《陳腐といってよい》ほど些細な触れあいを通じて行われる。生き生きした記憶を保持する対象は、それゆえに、その後の取り入れ（取り込み）を可能にする投影を支援するものにすぎない。[原注2] この心的作業は、ほとん

原注２：取り込み（取り入れ）とは意識的なプロセスで、一般に快が引き起こされる。そして、私たちの世界の経験、とりわけ私たちが接する対象や交わる人間たちの個人的な表象を身につけられるようになる。それは、私たちのそれ以前の経験と統合され、私たちの学習と同時に、新しいことに向き合う上での能力にとって新しくて有益な集合体のベースを構築する仕方ですすめられる。

どが沈黙して物言わず無意識的であるが、必ずしも私たちがすべてを認識しているとは限らない状況に責任を負っている。私たちの生活史のどの契機にも、いかなる対価を払っても手放したくなかった大切な対象でも、数年たつと、無用の長物のように思えてくる。それは単純に、その対象と関連した経験が、だんだんと、私たちのこころの生活上で打ち立てられていったがゆえである。

こうしたつながりは、TVコマーシャルが、私たちに古くなった対象の代わりに新しい製品を買わせようとしても必ずしもうまくいかないことを説明してくれる。私たちがいろいろな対象のうちのいずれかと特別な関係を発展させていくことは、何をもっても妨げられはしない。ボルグマン[訳注3]が詳細に考察しているとはいえ、(3)プラスチック製のボトルが、陶製の水差しに置き換わることは決してない。その水差しが、子どもが割ってしまわないようにと一時的に棚にしまわれていたとしてもである。そのボトルは、家族や、そしてまた関わった者たちの連続性を保証する。挨拶に立ち寄った訪問客にとっては何の変哲もない容器にすぎなくとも、普段日常的に使っている人にとっては、集団的な連続性を支えてくれるものなのだ。

現在の証者

対象は同様に、私たちの現在、より正確にいうと、ある特定の時期の私たちの内的状態の証者にもなりえる。その際に作動する心的機序は、つねに投影による秩序であるが、これまでの状況で作動する機序とは異なる内容と関わる。過去の証者となる対象の場合には、それと関連する過去の出来事とつながった情緒的状態や思い出がある。現在の証者となる対象の場合、対象への投影は、私たちのなかで優勢となり支配する情緒的状態に関するものとなり、対象はかりそめにも私たちの内的世界の色彩を帯びることになる。

こうした、対象のなかに感覚を外在化させる能力は、人間固有のものではない。その能力は、動物実験でも証明されている。あるミツバチの研究者たちは、黄色と赤色の花の咲いた環境にミツバチを生育させる実験を行った。黄色い花には甘味をつけ、赤色の花にはミツバチの嫌がる苦味をつけた。実験では、ミツバチはすぐにそれを学習して、黄色の花にしか興味を示さなくなった。この結果自体は、何ら驚くべきことでもない。研究者たちはそこで、ミツバチをそ

訳注３：アルバート・ボルグマン（Albert Borgmann）：米国の哲学者（一九三七〜）、ドイツ出身。テクノロジーの哲学、技術とデザインとの関係について研究し、モンタナ大学で長らく教鞭をとった。

の環境から取り出して、二つの同質のコロニーに振り分けてみた。半数のミツバチは何ら全く特別な処遇を受けなかったが、残り半数の処遇はというと、《揺さぶられた》。実際には、ミツバチの集団を、実験者が少し揺らすことのできる試験管内に入れたのであった。それから、すべてのミツバチを、花のたくさん咲いた環境へと再び配置した。ただし、環境は変化していた。そこには黄色い花、赤い花に加え、オレンジ色の花も配置されていた。研究者たちは、オレンジ色の花が、もしも黄色い花のような甘味、または赤い花のような苦味がついていたら、ミツバチはどのように行動しようとするだろうかと問いを立てた。この実験から、どのような結果が生じたと読者は思われるだろうか？　揺さぶられなかったミツバチの群は、蜜を採集しにオレンジ色の花へと飛んで行ったのに対して、いくらか揺さぶられた（邪険に扱われたことになる）群のミツバチは、オレンジ色の花に向かうことを避けて、黄色い花にだけ蜜をとりに行ったのであった。言い換えれば、何ら揺さぶられた試練を課せられなかったミツバチは、オレンジ色の花も、まるで黄色い花のようにみて行動したのに対して、「揺さぶられた」軽いトラウマを体験したミツバチの方は、オレンジ色の花を赤い花だと認識して、そこに向かうことを回避したのであった。このことは、人は気分次第で、飲み物の入ったボトルをみかけても、半数の人が中身は空っぽだと、残り半数は中身が入っていると思うのと同じ理屈である。ミツバチに人為的に経験させた揺さぶりという試練を通じて不安にさせられたミツバチは、オレンジ色の花をみても赤い花と同じだと認識し、決して蜜があるとは騙されなかった。反対に、試練を全く経験しなかったミツバチは、オレンジ色の花をみると黄色の花であると認識し、蜜を採集しに花へと向かったのであった。

この実験結果については、人間の行動学的観点からも解釈したくなる。私たちはみな、この実験におけるミツバチみたいな存在である。私たちは、自ら興味をひく対象に、《客観的》と信じるような特質を付与するが、それは実際のところ、自分の投影された感情なのである。この投影は、異なる二種類の形態をとりうる。ひとつは対象を知覚するのに、それが私たちの内的状態であるとは気づかずに認識するやり方。もうひとつは、私たちが対象にこころの状態をはっきりと付与するやり方である。私がもしも悲しいと感じれば、たとえ自分が元気でいても、周りの環境を、不安気で薄暗いと感じるだろう。さらに言うと、対象が普段通りに機能していても、それが最も必要なときに変調をきたせば、侵襲的に感じはしないだろうか？　反対に、対象が完璧に機能していれば、その対象が、私たちのことを理解してくれている、さらには私たちに好意があるといった印象すら与えることだろう。

ときには、対象が、これから起こる経験を予測することもある。例えば、テンプル・グランディン[4]は、自らの主要な発達段階を乗り越えていく上で、どれほど周囲の具象的対象を拠りどころにしたかを語っている。周知の通り、グランディンの描写する内容は、彼女が抱える自閉症に負うところが大きい。だが、彼女は同時に、対象が実在をはっきりと区切ることで、どのように《それ以前》と《その後》とを創出するのかについて本質的なことを教えてくれる。

テンプル・グランディンは、思春期に深刻な危機を経験していた。彼女はある日、中学校の礼拝堂で、牧師が「……開きなさい。そうすれば救われます」と説教するのをきいた。彼女はそれで、自分を不安から解き放ってくれる（と彼女は信じ込んだ）扉があるという考えにこだわるようになる。彼女はその扉を探し求め、とうとう見つけるのであった。実際、彼女はある日、夕食を終えて自分の部屋に戻る途中、寮のそばで退職者向け共同住宅の拡張工事をしていることに気がついた。建設作業員たちはいなかったので、テンプル・グランディンは目新しい工事現場の周りを散歩した。彼女は建物にはしごが立てかけてあるのを見つけると、四階まではしごをよじ登ってみた。小さな踊り場があって、そこから木造の小さな渡しが突き出ていた。彼女はそこで木の《扉》を、いやむしろ、《自分の扉》を発見したといえるだろう。扉を開けると狭い乗降場になっていて、そこから上がると小さな物見塔に入ることができた。パノラマ上の塔の三つの観察窓からは、外の風景を眺めることができた。グランディンはそのとき、彼女が《壮大な安らぎ》と呼んだ感覚がおしよせてくるのを感じた。彼女はこう記している。《何か月ぶりに、初めて、その時点での安らぎと、将来への希望でいっぱいになっているのを感じたのだ……。私の精神のなかで、無差別に吹き抜けていった数々の想念が、今やっとその意義をみせたのだ。やっと探り当てたのだ！　目で見られる象徴を。私がするべきだったことは、この扉を歩き抜けることだったのだ。》

テンプル・グランディンは、自分がまだ、本質的に視覚的思考を通じて機能すること、抽象的概念にアクセスするには具体的な象徴を必要とすることを理解していなかった。しかし、後年、そのことが理解できるようになっても、グランディンにとって、自らが具象化する象徴や対象に頼ることは無益なことではない。彼女の行程に道しるべをつけるため、現実の扉を利用することは、彼女の成長や、学校や大学生活における各段階において彼女を伴ってくれた。彼女にとって扉は、抽象的な決定を蝕知できる確たるものにしてくれた。扉─対象への固着が、時間の移ろいのなかで彼女が通り過ぎるのを象徴的に印づけてくれるのである。大学での二年間の履修を終えても、いざ自分の将来について考えるとき、彼女は自らの人生の通り抜けを具象化するための扉を再び探し求めた。彼女は、その後もう一度、大学を出て実社会に参入していくための最後の「扉」を探すことになる。

この最後の扉は、毎日たくさんの買い物客が開け閉めして通り抜けるスーパーマーケットの自動開閉式のガラス扉であった。それでも、その扉の前に立つと、テンプル・グランディンは身体の調子が悪くなるのであった。[原注3] そうこうするうちに、彼女はようやく、その扉はガラス製で透明だから、他の扉とは違っているのだと理解するに至った。つまり、こちら側から向こう側へと通り抜けるのは、ちょうどひとつの精神的状態から別の状態に移るようなものなのだ。彼女は三週間もの間、ガラス扉へのこだわりと格闘した末に、ようやく入り口のガラス扉を開いて、通り抜けられるようになった。スーパーのガラス扉は、グランディンの他者との関係を表す完璧な象徴として映ったのである。グランディンは、すぐに人間関係というのも、ガラス扉を通り抜けるのと同じ性質をもっていることを理解した。人間関係を無理に推し進めようとしても、たちまち失敗してしまう。ほんの少し押しただけでも、大きな音が鳴り響いて壊れてしまう。不注意なたったひと言が、何か月もかかって築いた信頼、尊敬や信用といった関係性を台無しにする。テンプル・グランディンにとって扉とは、単に空間的通過や時間的移行を具象化しているだけではない。扉はまた、彼女が他者の世界に参入する際のメタファー（隠喩）でもあるのだ。

加担（共犯）的機能

ここでは、私たちの日常的な対象が遂行することのできる機能で、将来的には、私たちのロボットが、今後もっと果たすことになる加担的機能について理解していこう。加担的機能は、二通りの形式をとりうる。ひとつは、過去の記憶の加担という機能、もうひとつは、分裂して投影された自己の一部の支えという機能である。後者のケースでは、対象と切り離されていることが、自己の一部と切り離されているように感じられる。

記憶への加担

これは、従来の研究のなかでは、《死せる記憶[5]》機能と呼ばれてきた問題である。私たちは、時に、生き生きした記憶の対象について語ることがある。「ああ、それ［対象（オブジェ）］が話すことさえできれば、私たちにたくさんのことを語ってくれるだろうに」。このとき、私たちはその対

原注3：《私の足は震え、額はぐっしょり汗ばみ、胃がきりきりと痛んだ…》（一五七頁）【巻末第五章文献4】。邦訳『我、自閉症に生まれて』（テンプル・グランディン、マーガレット・M．スカリアーノ著、カニングハム久子訳、学習研究社、一九九四年）

象のことを、加担する対象とは決して言わない。この場合、対象はむしろ、知りうることについて沈黙していることを期待される。こうした対象は、《私たちの秘密の夢の指標となる道しるべ》というより、むしろ悪夢であり埋もれたトラウマなのだ。そのような理由から、通常は、この連想によって、対象が本来その利用しうる機能のなかで使用され続けることを妨げている。対象が生々しい記憶と関連する場合がそうである。心地よい経験は、《対象の上に》投影されるのだが、外傷的な経験は、むしろ《対象のうちに》投影される。個人的な話になるが、私は、お茶をいれる際には、ある大切な人から贈られたティーポットを好んで使っている。私は実際、そのティーポットを使ってお茶をいれる所作や身振りを通じて、自分の思い出が呼び起こされることを楽しむのだ。ところが、それが私にとって先祖の喪の作業を行えずにいた、死せる記憶を抱えたようなティーポットであるなら、間違いなくそれは棺桶と同じ「不動のもの」である。まるで、こうした対象には何らかの苦痛な表象が含まれ、お茶をいれることすら妨げているかのように。

とはいえ、対象とつながりのある思い出は大切である。こうした対象が、しばしば陳列棚のなかに保管されたり、ガラスケースに入れられたり、高価な飾り棚に置かれたりするのは、大切な思い出を保管する理由からである。私たちは、そのようにして対象を絶えず、自分の目の届くところに置くことができ、私たちの記憶を保持する上での支えとしてきた。ただし、それを使用することで、関連する記憶を再賦活化させる危険をおかさないようにである。こうした対象(オブジェ)は、他人がおいそれと「触れられない」記憶を預けられたイメージなのである。その記憶は苦痛であるとともに大切な思い出で、(手に触れて)傷つかないようにと、それなりの距離が保たれる。そのため、幼い子どもが対象(オブジェ)についてたずねても、適切な答えが返ってこなくとも驚くことではない。とはいえ、つねに可視的でありながら、決して使用されることのない対象の特殊性は、子どもの問いかけを促すことに事欠きはしない。

自己の一部への同一化

この対象と生じうる関係のなかで行使されるプロセスは、はじめは「投影性同一視」という用語のもとで、人間との関係のなかで説明されていた。メラニー・クラインの古典的テキスト(6)では、ジュリアン・グリーンの『私があなたなら(*Si j'tais vous*)(7)』という小説を取り上げて分析されている。この小説のなかでは、ファビアンという自分の生活に満たされていなかった少年が、悪魔と契約して、別の人間の肉体にすみつくようになる。ファビアンは、母親が世話している自分の空の肉体をベッドに置き去って、精神の方は、次々と複数の人間の人格を所有するようになる。だが、こうしてすべての人物に続けて「化身」しても満たされず、ついには絶望してしまう。階段を上る際に、彼はひどい苦痛を感じていた。この感覚は、ファビアンが、それまで自分の身体と精神との間に導入していた関係が唐突に破綻したことが意識化された瞬間に相当する。メラニー・クラインにとって、それゆえ投影性同一視のプロセスは、二つの時間をもたらす。まず第一に、自分の全部または一部を、他者のなかに投影する。続いて、投影した他者に同一化することで、それを制御しようとする。言い換えると、自らの環境に、自分の内的世界の色彩を付与するシンプルな投影とは異なり、投影性同一視は、支配しようとする力をもとうとする点が特徴的である。さらに、すべての投影と同じように、その動きは無意識的であることが最も多い。

クラインがはじめて解説して以来、投影性同一視のプロセスは、家族[8]やカップル、職業的生活に関わる数多くの状況のなかで言及されてきた。すべてのケースにおいて、投影性同一視の標的にされる人は、する側の認識したくない、なんとか脱ぎ捨てようとする自己の一部を受肉化する。[原注4] 例えば、子どもは親によって、親自身の悲しみや内に秘められた暴力を身体に記憶する、受肉化することを余儀なくされる。

だが、投影性同一視は、他人を相手として関与するプロセスに限定する必要があるのだろうか？（一般的な）対象との関係においても、投影性同一視が存在するのではないか？一九四三年以降、[9] イムレ・ヘルマン[訳注4]は、いくつかの心的な問題が、身体的に置き換えられたり、さらには身体の一部の器官に宿る事象に言及している。もしもすべての対象が、身体の延長であると私たちが考えるならば、これらの考察を、対象との関係全体について総合的に理解する出発点とできよう。私たちの心的機能は、まずは自分の身体の表面に外在化されると、続いて、被服や椅子や私たちが操作する道具といった身体と接触する対象にまで外在化される。だんだんすすんでいくと、とうとう私たちの心的機能は、対象が身体と接触していなくとも、自分の住み処のごとくその対象に外在化される。[10] それは私たちが画面上に登場するピクセルでで

原注４：ルネ・ジラールは、《身代わりの山羊（スケープゴート）の論理》という概念のもとに同じプロセスを説明している。ある人間が、その人の属するコミュニティ（共同体）の憎むべき部分を体現化する役目をおわされる。その排除、あるいは、死を宣告されることは、従って、その集団が、その薄暗い部分からのがれるやり方として体験される。〔Girard, R.（一九八二年）〔邦訳：ルネ・ジラール『身代わりの山羊』（織田年和、富永茂樹訳）、法政大学出版局、新装版二〇一〇年）〕

訳注４：ハンガリーの神経学者、精神分析家（一八八九〜一九八四）。フェレンツィの弟子のひとり。しがみつき（l'agrippement）理論に関して、ニコラ・アブラハムの論考を通じて著者にも影響を与えている。

きた登場人物に担わせる役割でもあり、ロボットではなく《ボット》[訳注5]と呼ばれる。ビデオゲームのなかで、プレイヤーは実際に、意識的／無意識的は関係なく、自分自身の一部を画面上に出てくる具現化された登場人物に投影している。続いて、この投影が、その人が自ら委ねた人物に応じて、プレイヤーを導いていく。しかし、同時に、他者をコントロールするために他者の身体に自らを外在化させることが、不可逆的に、その他者の観点からの共感的な態度を生みだすことになる。(11) それはハリウッド映画『アバター』[原注5]でみることができよう。作中で、ヒーローが人間ではない被造物の身体に入って、それをコントロールしようとするうちに、その思想体系を信奉するに至り、人々の大義に執心するようになる。換言すると、ビデオゲームのなかで、プログラマーがゲームの登場人物にあらかじめ担わせる役割は、しばしばプレイヤーたちがキャラクターに入れあげる付着力をもたらすのだ。プレイヤーがたとえ、はじめに投影した自分の一部分は、異なる性質であっても、プレイヤーが猛々しいヒーローに化身するうちに、しばしば自らの暴力性も増悪させうるのは、きっとそのような理由からだろう。実際の現実世界に存在する以上の暴力性に取り囲まれた世界を表象する危険性に、当人が気づくことはない。ピクセルでできた作中人物への特殊な形式のアタッチメントからは、その所有者が自分の一部分から切り離されているとは感じず、それを失うこともないことを説明づけている。これは、ただ単に、ある機能の延長というだけではなく、その所有者のアイデンティティの延長でもある。喪失しようと破壊されようと、失われるのは、所有者がそこに預けていた自己の一部である。それは、米国の軍隊で、軍事教練に打ち込む兵士たちが自分の身体のいくつかの部位をロボットに外在化させるに至り、ロボットが被害を受けたときに、自分たちが傷つけられたと感じるまでになった関係性を説明するのとほぼ同じメカニズムである。[原注6] そして、トランスヒューマニストたち[原注7]が夢見る、いつの日か私たちのこころの機能全体をロボットに外在化させられるという思想は、まさに同じプロセスの「ハイテク化」の延長として不可分である。いつの日か、おそらくは、その可能性に到達する前に、私たちはロボットと、期待や気分、機嫌の良さといったフィルターを通じて親しみをもてるという考え方に慣れておかねばなるまい。それゆえ、ロボット製作者にとっての難題は、不透明なところを可能な限り減らして、私たちユーザー側がロボットに投影する部分をできるだけ最小限に留めることである。言うまでもなく、私たち

訳注5：一定のタスクや処理を自動化するためのアプリケーションやプログラム。
原注5：ジェームズ・キャメロン監督作品。二〇〇九年公開のハリウッド映画。
原注6：第二章を参照。
原注7：第三章を参照。

の心の「投影」から完全に隔てられることなど不可能ではあるのだが。

ホークラックス（分霊箱）

対象のなかに自分の一部分を投影する最後の状況とは、投影性同一視がトラウマに続いて生じるケースである。それは人が亡くなったり、アクシデントが生じたり、暴力を受けたり、その他あらゆる形態のカタストロフのことである。すべての場合で、ある出来事がそれに立ち会う人に突然生じると、尋常ではない、しばしばぞっとするほどの感覚や情緒的・身体的な状況、思考に圧倒される。人がそれに向き合うには、自分に生じてくる緊急かつ具体的な問題を解決する上で喫緊には必要でないものを脇へやって身を守ろうとする。この最もトラウマ的なものから距離を置くことを「分裂（クリヴァージュ）」と呼ぶ。ほぼ正常な生活に戻れば、自分を守るために距離をとっていたものに再び入り込もうとなど誰もしない。分裂は、こうして残存する。最も不安定にさせるさまざまな感覚や情緒、身体状態、思考が、一種の《心的包摂化（封入）》としてしまい込まれる。そこに宿る心的なものは、不安定なポジションに置かれる。一方で、人間のころは、体験したことを決して存在しなかったかのように振る舞おうとする。だが他方では、いつの日か、理想的な対話者を見つけだして、その相手と自分のトラウマ体験を共有し、体験を社会化できる期待を抑えられないでいる。[12] 古い対象を大切に保管して、どうしても手放そうとしないのは、そういったプロセスを表してもいよう。ただ、従来のケースで生じていることとは異なり、主体は自分の心的生活からあらかじめ分裂させていた自分の一部分を、対象のなかにしまいこんでいる。こうした状況において、所有者から切り離された部分を装填した対象は、所有者の目の届かないよう、引き出しの奥や屋根裏の荷物ケースにしまいこまれたままである。問題は、死せる記憶を保持した対象の場合と同じで、それが目の届くところに留め置かれるのではなく、対象が包含する内容を忘れようと隠蔽することである。というのも、それが自己の一部分を本当に切り離すことになるために、当人は、それをどうしても厄介払いしようと、脱ぎ去ろうとしないのである。

この死せる記憶の証人としての対象と、トラウマ体験を契機に切り離された自己の一部がしまいこまれた対象との識別は、精神分析家ニコラ・アブラハムが考察した次のような区別を裏付けている。ニコラ・アブラハムは、単純な《心的包摂化[訳注6]（封入）》に該当する状況と、心的

訳注6：inclusion：邦訳書『表皮と核』【巻末第五章文献13】（ニコラ・アブラハム、マリア・トローク著、松籟社、二〇一四年）では「封入」と表記されているが、本書では「包摂化」も併記する。

包摂化が増悪した形態である《クリプト（地下埋葬室）》の構成に結びつくような状況について考察した。自己の一部の対象への単純な包摂化（封入）は、暫定的に加工することが不可能とみなされる経験に相当するが、主体はただ、そこまでに至れると期待を抱いている。それゆえに、主体の一部が含まれた対象は、自分の目の届くところに置かれておく必要がある。それは、いつか自分のこころのなかに自分が置いてきたものを再統合できることを望んでいることを表すやり方なのである。それとは逆に、クリプトの状況においては、主体は自分のこころのなかに、感覚や感情やかつて自らが分裂させた身体状況を再統合させられるという期待を完全に失っている。主体はそうして、対象のなかに、何らかの形で《身体–外化》された自らのクリプトの内容をしまいこむことになろう。

小説『ハリー・ポッターの冒険』シリーズで、作者のJ・K・ローリングは、ホークラックス（分霊箱）を通じて、私たちが述べてきた内容と奇妙なほど近しい状況を描写している。それらは、もともとは一冊の本やコップ、椅子といった何の変哲もない対象（オブジェ）であるが、例外的状況で関連づけられると途方もない対象となる。例えば、ある魔法使いが打ち明けられない殺人を犯して、それが結果として、自分自身の一部を解離させて、対象のなかにしまいこんでいるといった場合である。本やコップや椅子などは、普段使っている人にとって極めてありふれたものでも、自分の一部分をしまい込んでいた人にとっては全く違った対象となる。

パートナー的機能

私たちが対象ととりうる関係性の最後の形態には、互酬性が含まれる。その好例として、演奏家が楽器と保っている関係があげられる。楽器という対象は、一方で、演奏家にとって奉仕者の役を担うにすぎないが、演奏家は、楽器の性能を限界まで引き出すことができ、求めているすべての音階を奏でることができる。しかし他方で、演奏家は楽器の音色を聴くうちに、コンサートの成功に不可欠な調和（ハーモニー）を、楽器との間で構築するときもある。これは明らかに、人工エンパシーを創出しようとする状況であり、ロボットとの間でも、パートナーとしての質の重要性が、否応にも増してくる。しかし、対象との関係における互酬性の欲望が、ロボットと一緒になって出現するわけではない。これは、私たちを取り巻く対象全体と、私たちとの関係における中心的な問題である。人間は、この欲望に、いつも捉えられてしまうがゆえに、それをかなえてくれるロボットの開発研究に駆り立てられる。いずれは、完璧に自律したパートナーとなるロボットと、近しく接することができるかもしれない。そんなロボットを、いつでも自由に扱えることが期待されている。けれども未来のロボットは、一体どのような形で、私たちのもとに現われてくるのだろうか?　明らかにそれは、ロボットの開発プログラマーにとって自ら提示すべき重要な問いであるはずである。

第六章　何でもするロボット

私たちの日常でみられる諸対象（オブジェ）と同じく、ロボットは、召使い（使用人）のほかに加担者や証者、パートナーにもなりえる。けれども、ロボットが複雑化するにつれて、こうした多様な機能は、共存を求められる。自動化されていない対象が、対象同士のなかで、それぞれ役割を遂行するのとは異なり、ロボットは、同時にいくつもの役目を担うことができる。私たちは、とりわけロボットとの間で、対象との関係において、これまで経験したことのない態度を取り入れることを促される。というのも、従来の対象との関係において、対象は一般に、特定の単一課題向けに考案されているからだ。人間同士の関係では、対象への属性の割り当てなど変更できようもない。日常生活において、ＧＰＳは私を待ち合わせ場所まで案内してくれても、約束した相手と面会するこころの準備まで指南してくれるコーチに変えることは不可能である。それは、私のもっている電卓を（仮に私がそんなことを望むとしてもだが）、性的な奴隷に変容させようとするのと同じである。ロボットとでは、そうしたこともやがて可能になるかもしれないが、心的および社会生活に甚大な影響を及ぼすことは明らかである。ロボットに関して、とりわけ私たちが他の対象や、人間に対して抱くような期待とはかなり異なる期待をもつことになろう。今後は、こうした側面について考えていかなければ、私たちはロボットとの間で、以下の二通りの、全く異なると同時に危険ですらある両極端な態度の間で揺れ動きかねない。ひとつは、ロボットという機械（マシーン）を、良心や威厳、そして自由といった指標がごちゃまぜになった人間の代用品であることを口実に、所詮はまがい物だと拒絶してしまう危険性である。もうひとつは、機械（マシーン）に生物の新たな範疇（カテゴリー）［概念の分類］を見いだして、人間が自分たちの同胞に対して従来から認識している生物種への扱いと似たような権利を付与しようとする態度である。

まずここで、私たちがロボットに適用させるために定義してきた四つの機能に関して、すべての機能を併せもった能力を思い描くよりも先に、いま一度それぞれについて、個別にとりあげてみよう。検討するにあたり、四つの機能を構造化する二つのディメンジョンの明確化から始めよう。ひとつのディメンジョンは、支配性と互酬性という相補的な二つの欲望をめぐって

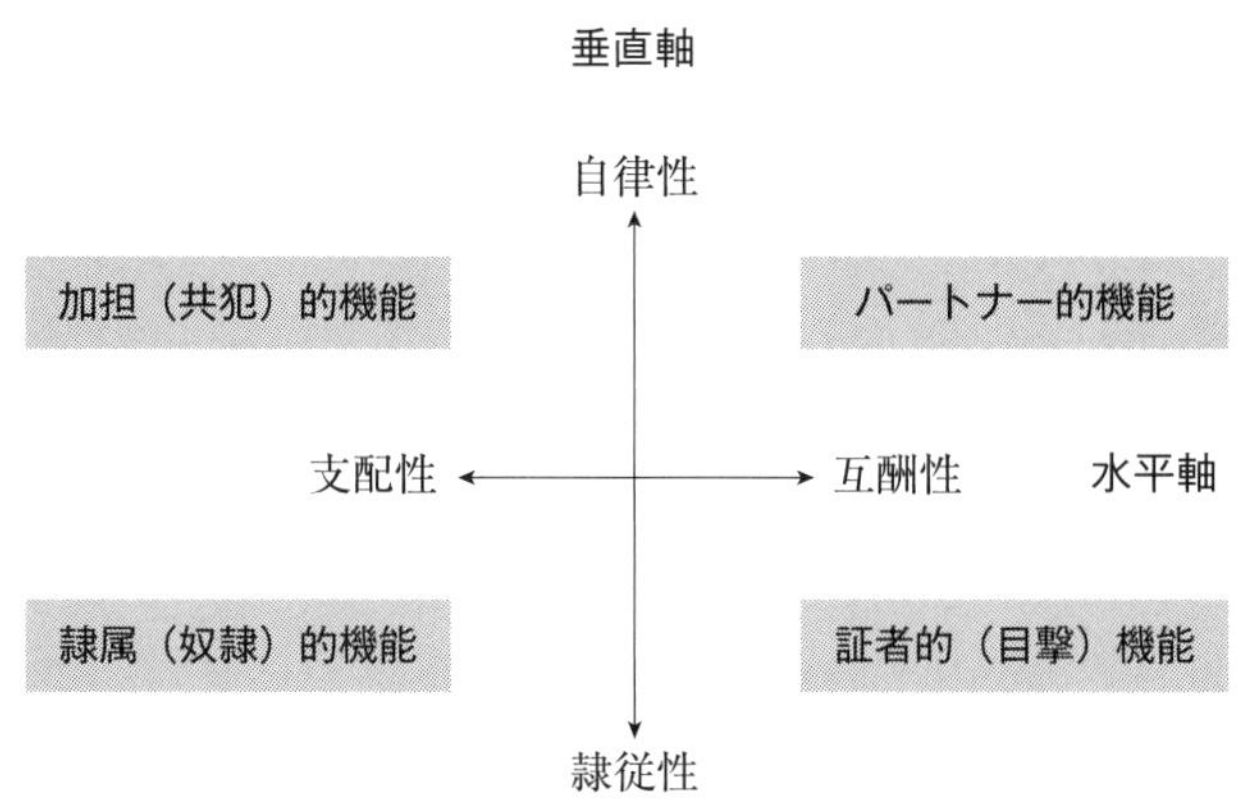

図式　ロボットと対象の４つの機能

構成され、もうひとつは、機械の自律性の度合いと関連したディメンジョンである。この二つのディメンジョンが、二つの基軸となって直角に交わり図式化される［図式を参照］。こうすると、ちょうどタルトケーキを切り分けるように、二次元空間上で四つに区域化できる。

実用的には、さしたる意義もないが、第一の軸を水平線で表してみよう。これは、支配性と互酬性という二つの極性に関するもので、この二極に応じて人間はつねに自分の身体や対象を利用してきた。人間は、実際にまず、世界に向けて自らの力を広げていこうとする欲望をもって諸々の対象にまで拡張していく。それには、筋力や記憶力といった人間の可能性を大幅に増大させてくれる機械と、空を飛ぶといった人間の生理的能力の及ばない領域で、人間にその力を付与してくれる機械とがある。だが、それと同時に、すべての人間には互酬性という欲望が存在する。それには人間の相互扶助や連帯といった行動面での鍵となる構成要素が備わっているのだが、何もこれは、社会関係のなかだけで表出されるわけではない。こうした表出は、イニシアチブがとれて、なおかつ私たち自身のことを何かしら指し示してくれる機械に対して私たちが抱く欲望のなかにも見いだされる。つまり、いろいろな対象が、生活上のパートナーとなることを求められるうちに、やがては、その対象がロボットになるということだ。

　第一の軸は、このようなものである。この水平軸に応じて、対象に担ってもらう四つの機能を明らかにしていくことになる。だが、明らかにここでは、私たちのロボットの関係についての第二のディメンジョンが見逃されている。それは、ロボットがいくらか備えている自律性（オートノミー）である。そのため、先の図式には、第二の軸を付け加える必要がある。それはテクノロジーに関する、極端な隷従状態から最大限の自律性をもつに至る垂直軸である。これら垂直に交わる二本の軸線が、四つの空間領域の範囲を規定する。各領域は、私たちが対象に担ってもらうことのできる四つの機能、すなわち隷属（奴隷）、加担（共犯）、証者、パートナーのうちのいずれかに相応する。そして、これら四つの機能が、同様に、人間が自分たちの同胞に押し付けようとする役割を念頭に置いているとしても驚くにはあたるまい。実のところ、私たちがロボットと人間の同胞それぞれに対して期待することに、本質的な相違はない。唯一の相違といえば、少なくとも民主主義社会において、人間は、自らの立場が当人に認識されている限りで、期待されている役割をいつでも拒否できること。さらに相手の人間に対しても、当人たちに特有なゲームの規則をおしつけることすらできるということだ。この点は明らかに、ロボットに対して極めて明るい未来が約束されている理由となる。なぜならロボットは、人間ほど要求がましくもないであろうから。

隷属（奴隷）的機能

文字盤の形状をした図式の左下に入るのは、隷属（奴隷）的対象と、その地位にいる人間たちである。この側面に関して、互酬性は全く望むべくもない。対象に向けて表出される人間側の唯一の欲望は、絶対的な支配欲である。今日の労働環境のなかに存在するロボットは、いわば檻のなかに閉じ込められた機械である。そのため、機械であるロボットの不調がいつでも発生しうるとしても、同じ作業部門で働く従業員にとって脅威とはならない。とはいえ、こうしたロボットは、やがては監獄にいるような作業環境を脱して、人間たちの脇にいて、自らの仕事を完遂することになるだろう。ロボットの外見は、だんだんと私たち人間に似てこようが、ロボットの自由裁量は全く認められず、奴隷のような存在である。こうしたロボットは、SF小説の作中で、至るところに登場する。ロボットは、工場労働者の機能から給仕係や倉庫係、さらに兵器の操作係の機能まで果たす。生産性と知能の面からみた、ロボットの急速に増大する可能性を鑑みれば、雇用主たちはおそらく、遠からず、ロボットの魅力に敏感に反応することだろう。無論、はじめのうち、ロボットは人間よりも作業が遅いだろう。しかし、この不便さも短期的なもので、じきに、たくさんの利点によって埋め合わされよう。つまり、ロボットは一日二十四時間働くことができて、ストライキなど決して起こさず、有休をとることもRTT[訳注1]を保証する必要性もなく、年金生活者にもならない。とりわけ、他の任務を行使する上で、容易に職場の配置転換が可能である。その雇用主は、長期的にコストのかかる専門研修にかかる費用を自ら支払う必要もない。ドイツのハイテク計画「インダストリー4.0」[訳注2]でみられるように、工場の機械を再プログラム化すれば十分である。

もちろん、最初のうち、人間に置き換わる自動式機械は、二重の意味での救済者として認識されよう。その機械的特徴が、汚れ仕事を時間内にやり終えないといけないという不安から私たちを解放してくれるだろうから。今日でいうと、洗濯機や食器洗い機の類いであるが、もっとずっと素晴らしい存在である。だが、私たちが、だんだんロボットに人間的な仕事を肩代わりさせて、私たちと同じように固有な帰属をもつと認識するようになれば、やがて問題を孕むことになる。この問題は、とりわけ教育分野でみられるようになるだろう。今日、多くの親たちが、教育的任務をテクノロジー的対象（オブジェ）、とりわけデジタル・タブレット型端末に委ねている。保護者たちは、こうした対象が、自分と同じことをやってくれると思って、親としての責任性までおしつける。もちろん、こうしたソフトウェアが、親と同程度の義務など果たしはしないし、自分の子どもがスクリーン画面の前で長時間過ごすようになれば、親はむしろ心配するだろう。けれども、こうした対象が、もしも親よりも保護者的業務を上手に行うようになれば、親などもはや無用になるのではないかと危惧しはじめるだろう。これは、ロボットの登場とともに起こりうる懸念である。ロボットとともに、所有者が奴隷に自分の子どもを委ねる両価性をはじめ、奴隷的存在が、所有者側に極めて多くの問題が生じることを再発見しかねない。

訳注1：Réduction du temps de travail（RTT：週三十五時間労働制）。一週間の労働時間を短縮して労働の分担による失業率低下を図った政策。

訳注2：ドイツ政府主導のハイテク戦略。第四次産業革命として一般に言及される。二〇一一年に製造業のコンピュータ化を促進するために提唱されたドイツ連邦政府のハイテク戦略のなかのプロジェクト。

「ベビーシッター」型ロボットを目の前にして惹起される不安の背後には、テクノロジーが人間に置き換わることを目の当たりにするおそれだけでなく、雇用主がこれまで自分の使用（奉公）人と保持してきた両価的な関係性までみとめられるのである。

加担（共犯）的機能

この機能は、四分割された図式の左上に区画される。そこに相当する対象は、自律的な部分が大きいこともあるが、単に実行するだけで、しばしば低劣な労役を担っていることもある。加担型ロボットは、隷属（奴隷）型ロボットよりも実際に高い自律性をもつが、これは相対的なものである。この点でいうと、互酬性は全く期待できない。誰かの影響下にあるパートナーであるため、使命などもたず、イニシアチブがなければ何ら実行できない。総じて、パートナー（相棒）とはいえまい。すべての隷属型ロボットと同じく、加担型ロボットも私たちの支配下にあるが、こちらの方は、性的なことや殺人といった強い情緒的な構成要素を含んだ任務に用いられたりする。ひとりだけで楽しみにふけることはあまりよく思われないが、なかには、性的玩具のように「最も信頼のおけるモノ」、「さびしい夜のパートナー」などと喧伝する広告もみられる。同じく、無防備な敵や、私たちが生命に危害を加えようとしていることを知らない相手を殺害することは非難に値することだが、武装したドローンは、それを実行できる。民間人を標的に定めた狙撃手が、己を全く危険にさらそうとしないことが卑怯な行為にみえても、武装したドローンは、そんな道義的問題を私たちに提起することもない。ドローンは、カメラが装備されているおかげで、標的を追いかけたり、拡大ズームしたり、消去できる。ただそれでも、アイザック・アシモフ[訳注3]の一連の小説のように、ＳＦの世界は、この問いに対して異なる応答をした。アシモフは、どのような状況になっても、ロボットが人間を害することのないようにと願っていた作家である。この問いに関するアシモフのアプローチは、《三つの原則[訳注4]》からなる。一番目の原則は、ロボットは人間を侵害したりはできず、反対に、危険にさらされた人間すべてに対し、支援を試みようとしなければならない。二番目の原則は、ロボットはつねに、一番目の原則と矛盾する場合を除いて、人間の誰かしらによって付与された秩序を遵守しなければならないというものだ。最後に、アシモフによって想定された三番目の原則は、ロボットは自分の存在を守らなくてはいけないが、それは、一番目、二番目の原則と矛盾しない

訳注３：Isaac Asimov（一九二〇～一九九二）。米国の作家、生化学者。作品群は多岐にわたり、邦訳書多数。
訳注４：いわゆるロボット工学三原則。アシモフのＳＦ短編集『われはロボット』（*I, Robot*, 一九五〇年）、『ロボットの時代』（*The Rest of the Robots*, 一九六四年）参照。

限りにおいてである。アシモフの三原則は、かつて長いこと、パリ・モンパルナス駅構内のメトロ六番線の専用通路の中央ホールに到着する手前にあった壁面パネルに記されていたように思う。それらは二〇〇〇年代に入ってから、駅構内の通路が改修された際に、白いタイルに張り替えられて姿を消してしまった。パリ交通公団（ＲＡＴＰ）の管理部門が、ロボットに関する誤った認識を子どもたちに与えてはいけないとでも判断したのだろうか。なぜなら、子どもたちがいずれ認識することを取り扱うために用意されたわけでもなかっただろうから。実際、管理者たちが考えた通りに事はすすんでいる。周知の通り、米国のいくつかの兵器用ロボットが、発射する自律性、すなわち《殺害する許可》をもっていることが知られているが、ロボットの《三原則》をうっかり提示していれば、幼い子どもたちを容易に困惑させてしまいかねない。子どもたちは、やがて自分たちが生きていく世界を認識する上で、著しい誤謬の犠牲者となっていたかもしれないのだ。子どもたちは、常々、将来に向けてきちんと備えをしておくことを嘱望されているわけであるのだが。

証者的（目撃）機能

先に提示した文字盤型の図式のなかで、証者的機能は、図の右下四分の一を占めている。隷属型ロボットと加担機能型ロボットは、課題を達成するためのエネルギーや情報を永続的に供給してもらうことを要請するのに対して、証者的機能型ロボットは、それ自体が必要とされる。ただし、証者的機能型ロボットは、同時に、利用者に関する情報ソースを構成することになる。

例として、運転手にシートベルトの着用を指示する車内システムを取り上げてみよう。このシステムは、多少とも強制的ながらも証者の役割を果たしている。というのも、警報は、多少とも鋭くてかん高い、しかも鳴り止まない音を鳴らすことで示される。同じように、車の運転手に対して、自動的に呼気状態に応じて運転できるか否かを指示するシステム（それ自体が、酒気帯びの程度の証言者として機能する）は、多少とも、強制的なものとなりうる。だが、ロボット化された時代における証者の原型は、それだけでは済まない。すでに、私たちの歩数を数えたり、血圧測定したり、体重管理してくれるために付き添う機能を備えたロボットも登場している。未来のロボットは、私たち自身に関する情報を、つねにより多く提供してくれるだけでなく、健康状態に関して、ロボット自身の見解や助言すら与えてくれよう。自動車に現在搭載されている自動警報機能がそうであるように、たぶん私たちのなかには、こんなロボットの電源など切断してしまおうと感じる者もいるだろう。従ってそれは、私たちが獲得してきたシステムのプログラム次第ということになる。そのことが、より一層、切実な問題になってくると、こうしたロボットは、私たちがロボットとともに経験する多彩な出来事の、音声や視覚的な痕跡を保存することもできよう。ロボットが私たちの個人的な伝記となって、私たちはロボットに、それを問い合わせるか否か判断する。すべての問題は、それゆえ、ロボットがそこで何をしているのかを知るべきことだろう。言い換えると、ロボットが伝達することになる相手（の人間）のアイデンティティや動機を認識すべきであるということだ。証言（目撃）者とは、時に危険な存在なのである。

パートナー的機能

水平、垂直軸で構成された図式のうち、残る最後の区画は、パートナーの地位そのものと関連する。ここは原則的に、私たちを他の人間に認めてもらう存在である。けれども、歴史がとうに示す通り、私たちは、その存在が単なる証者にすぎないと判断して、互酬性をもつことを望まなかったり、加担者としてイニシアチブをとれる部分を最小限に留めたり、または奴隷扱いしたりする。反対に、人間に対してパートナーの地位を認める場合には、私たちは、相手に完全な自律性が生じうる可能性や、互酬性の関係を確立する可能性を受け入れることになるだろう。ロボットを相手とする上で、ロボット工学における重要な部門が、そこに立ち上がっていくと、なお一層、避けがたく生じる問題である。パートナー型ロボットは、もうすでに感情をシミュレーションして、喜びや苦役のなかで私たちのことを理解してくれたり、寄り添ってくれるような印象を与えている。私たちは、前の章で、シミュレーションの問題について、私たち人間同士の関係という観点から考察してきた。[原注1]ここでは、私たちの対象との関係という視点から改めて吟味してみよう。もしも私が、自家用車を手に入れて喜んだ日に、自分の車が実に素敵な外観をしていると気づいたとしよう。そのとき、私はすでに、ある人が上機嫌なときに、自分のロボットが好ましい顔をしていると気づくような状況にある。すでに外観の固定された対象に自らの感情を向けている限りで、私たちは自らの感情をロボットになんなく向けることになろう。そのこと自体は問題ではない。反対に、このように相互接続された対象は、ネット上での私たちの個人情報の総体とアクセスすることになろう。それらははたして、私たちの感情を鏡のように反映させることで私たちを楽しませるのか、それとも、時には真実を伝えるようにプログラムされているだろうか？　例を挙げると、私たちがなんとか頑張ってロボットを笑わせようとするとしよう。ちょうどそのとき、ロボットはインターネット上で、私たち

原注1：第三章参照。

が大切な近親者を失っていたことを知っていたために、むしろ神妙な顔（表情）を浮かべて、私たちの気持ちと対立する状況は考えられないだろうか？　言い換えると、ロボットは単に、私たちが提供する内容を共有し、つねに全く意見を同じくするのか、あるいはロボットがネット上でアクセスできる情報を活用すべく、私たちがロボットに提供する内容と、ウェブを通じてロボットが学習する内容とを、何らか統括するようにプログラムされているのだろうか？けれども、もしも、そのようなことが生じたら――それは技術的には考えうることだが――私たちは機械の側の、こうした思考の自律性を受け入れるだろうか？　私はそれに懐疑的である。人間の対象（オブジェ）との経験からいうと、人間が求めているものは、自分たちが固有に感じ取ったことの「鏡」を見いだしたいということであって、それ以上のものではないことを十分すぎるほど示しているからだ。

そしてまた、個人的見解になるが、ＡＩは必然的に、もう一つの問題を提起することになる。機械がいつの日か意識をもつと想定すると、機械は必然的に、世界について教示する（意味や形を与える）センサーを通じて意識を作り出すことになるだろう。然るに、こうした機械のセンサーは、私たちの目や耳、皮膚とは異なったものだ。それらは、あらゆる波長を感じ取れて、音の周波数全域を探知できることになろう。従って機械は、私たちが人間として取り扱うのとは異なる情報に溢れた世界にいることになる。とりわけ、機械は私たちのそれとは違った意識をもつことになろうが、それは決して超・人間的な意識などではない。それゆえに、機械が私たち人間固有の世界の経験を拡張してくれると考えるのは間違いであろう。私たちの意識は、数百年もの生物進化によって作り上げられた血と肉でできた身体を基盤としているが、機械の意識は、金属とプラスチックで組み立てられている。従って、こうしたＡＩが、私たちの世界の知覚や認識を理解するには多大な労力を支払う必要があるだろうし、ＡＩがそんなことを望むかどうかも不確かである。だが、ロボットがもしも、民主的に議論する精神のなかで、自らの世界の経験を、人間の経験と対質させるようにプログラムされているならば、私たちはそれを何としても手に入れようとするだろう。従って、今後は、こうした意味あいで方向づけてくれるソフトウェアをあらかじめ準備しておく必要がある。

とはいえ、私たちは必ずしも、人間のこの四つの真理を語ってくれる機械を望んでいるわけではない。ＡＩの最大の危険性とは、ＡＩが人間に嘘をつかなければならなかったり、人間と一緒になってデマゴーグ的な行為をしたり、人間に受け入れられようと偽善的に振る舞う必要性を、易々と理解するかもしれないということだ。人間が、自分たちのイメージ通りに機械を作り上げたはずもない。それは絶対に不可能なことだが、機械は、自らが社会的ゲームのなかにいるという事実に気がつくと、そのゲームの規則について、たちまち理解してしまうかもしれないのである。

マルチ機能的対象

今日、私たちを取り巻いている諸対象は、いろいろと可能な役割の変化という面からみると、ほとんど可塑性をもたない。諸対象は、それぞれが、本章で述べてきた四つの機能を相互的に果たしているにすぎない。もちろん、いずれかの対象が、ある使用法から別のへと移行することはつねに可能である。ただし、こうした動きは、原則的に非可逆性である。例えば、私は妻と出会った日につけていたネクタイが、記念日という理由から、例外的な価値をもっていると判断できる。そして、そのネクタイが流行遅れになって、もはや身に着けられなくなっても、《記念に》それを保管しておこうと決めることができる。従って、そのネクタイは、隷属的な地位から、わが人生の一幕についての証言者的立場へと変わることになる。仮に、使い捨ての奴隷として、無用となれば、私はためらわずそれを処分するだろう。だが証者となれば、それが薄汚れてどのような状態になろうと、私のそばに置いて保管しておくことになる。

しかも状況は、ロボットとであると何かと異なってくる。ロボットは、私たちが同定した四つの機能を、いくつも同時的に実行することができる。変化するロボットの姿が、SFの世界に現れるだけではなく──『ターミネーター2』[原注2]の作中で、液体金属でできたロボットが登場して観客が受けた衝撃を覚えていよう──機能や外見の変化がロボット工学のプロジェクトの中心にもなっている。しかも、ロボットがそれと同様に、文化的変容の中心に置かれているのは驚くべきことである。それにより、私たち現代人が気づかされることは、人々が職業やカップルのみならず、美容外科的にであれ、画面上のアバターを利用してであれ、容姿や外見まで変えるよう仕向けられることである。実際に、物語や小説の文化では、アイデンティティは個人に普遍なものという考えを伴う。それに対して、デジタル文化は、インターネット上のアイデンティティを増幅させる可能性とともに、ある時点でのさまざまなグループのメンバー間の相互作用に依拠したフィクションであるという確信を伴う。誰もがマルチ・アイデンティティ的[原注3]になるのである。

原注2：ジェームズ・キャメロン監督作品の米国映画（一九九一年）。

原注3：複数のアイデンティティをもつことは、複数のパーソナリティをもつわけではない。各々は、ただ一つのパーソナリティをもつにすぎないが、複数性に気づかずにいることを余儀なくされている。パーソナリティとは、複数のアイデンティティが探し求め、はっきりさせることができても、決して完全に知ることのない《かりそめの棲み処》である〔S．ティスロン『露出した親密性』（パリ、Ramsay 社、二〇〇一年）〕。

新しい「正常さ」を課されると、そこでの可塑性は付加的な価値となる。その一方で、《きちんと統合された自我》という古い規範は、とりわけ家庭内や職業上で失敗した場合に、適応能力を欠いてしまう危険すら孕んでいる。

ロボット工学とともに、こうした対象は同じ道のりをすすんでいる。むしろ、可塑性をつねに備えている点で、私たち人間よりも先んじている。諸対象は、奴隷にも共犯者にも、証者にもパートナーにも次々となりえる。なぜなら、いずれかに意のままになれるようプログラム化されるからだ。例えば、家畜の地位にあったロボットが、いきなり、私たちにとって複雑な問題を解決する支援をしてくれる仕事仲間の地位として扱われることも可能であろう。同じように、自分たちの子どもの完璧な遊び仲間であったロボットが、アイデンティティを自主的に変化させて、突如として親が担う役割を引き受けて、子どもたちに宿題を片付けるように促す振る舞いもすることになろう。そのようなわけで、私たちのロボットとの関係を、私たちが認めようと望んでいる主要な機能に焦点を当てた形で理解する方向に傾くことは非常に危険なことである。その一方で、本質的に重要なことは、私たちがロボットともつことになる関係の複数性にある。私たちのロボットは、複数の欲望を満足させられる可能性をもつようになるだろう。おそらく、それによってロボットは急速に、その所有者の世界における連続的な支持体として特権的な立場を与えられることになろう。

実際のところ、この連続性は、具象的な環境とつながりをもった心理的事実である。それは、地勢学的、職業的、家庭的に安定した座標軸を取り込んでいく。そういった従来の座標が弱まって不安定になるほど、近接する対象の永続性が、かけがえのないものとなる。私たちの未来のロボットの立場は、より一層、重要なものとなりかねない。それゆえに、世界との連続性の感覚を維持することは、各々の情緒的・職業的生活に影響を及ぼす数多くの変化によって、ますます、困難なものとなる。こうしたしるしは、転居や愛の破綻、そしてつねに頻繁にみられる家族の再編によって絶えず引っ掻き回されるものだ。そのため、特権的な対象が、それに置き換わろうとする誘惑が生じてくるのである。ロボットは、人間をはじめ、さまざまな対象に伝統的に求められていたあらゆる役割をいっぺんに果たしてくれる対象である。それはちょっと理解し難いことだと思われるだろうか？　理屈の上ではそうかもしれない。だが現実には、全くそんなことはない。その証拠に、ほとんどの人たちが、自分にとって、そのような対象を所持している。それは、私たちのスマートフォン（スマホ）である。もちろん、スマホは、移動可能な自律性を備えた対象ではない。けれども、スマホは明らかに、私たちに近接するロボットが、将来的にはずっとうまく遂行してくれるような複数性の機能を示している。

まず手始めに、私が自分の脳内メモリーを、誰かの住所や電話番号、誕生日といった情報を詰め込んでいっぱいにしたくないため、記憶データとしてすべて自分のスマホに託すような場合を想定しよう。このとき、スマホは私の「奴隷（隷属品）」である。私が、GPSを用いて道順を案内してもらうようなときや、好きなときにいつでもテレビ番組の連続ものや音楽や映画を鑑賞できるときもそうである。

私のスマホが証者となるのは、スマホを使って、通り過ぎた場所のイメージや、殊に自撮り者（セルフィー）にとって、いくつかの時宜にかなった状況下にある自分の容姿や外見を記録するとき、または友人たちと共有した瞬間をスマホにより永続化させるときである。それに加え、新しいアプリのおかげで、私はいつでもどこでも自分の健康について、より詳しく把握できるようになっている。

スマホが私の加担者となるのは、通話したくない相手の留守番電話にメッセージを残すためにスマホから匿名コードで打ち込んだり、スマホを使って試験で不正行為を働いたり、ひとりこっそりと成人アダルトサイトを閲覧するようなときである。言うまでもなく、サイバー・ハラスメントのように、表立ってはなかなか打ち明けられない欲望を実現できる可能性についてもいえよう。

最後に、スマホは私のパートナーにもなる。それは私が、自分のスマホを優しく撫でたり、もう一方の手を握るかのように手のなかに抱えたり、自分のスマホを使ってビデオ（オンライン）ゲームで遊ぶようなときである。あるいはまた、まるで一緒にお出かけするかのように、自分の外見と合うようなスマホの外装を選ぶようなときもそうである。

私たちは、思春期の子どもからスマホを取り上げることが、本人にとって自分の一部分を奪い取られるようなものであることを理解している。思春期の、年頃の子どもの怒りというのはもちろん、自分のお気に入りを奪われた幼児のそれと似ている。だが似ているのはそこまでで、怒りの理由は非常に異なる。小児の場合は、取り上げられることは、それが本人のために満たす唯一の機能によって本質的な対象を奪い取られることを意味する。つまり対象が永続的に現前することで、子どもを安心させているのである。それに対して、思春期の子どもにとって携帯やスマホを取りあげられることは、より一層、深刻な意味をもつ。それは年頃の子どもにとって、今日、存在する唯一の多機能的対象を剥奪されるということである。思春期の子どもが自分のスマホ画面をいじる（タッチする）姿は、まるで幼い子どもがウサギやクマのぬいぐるみの耳を撫でるのに似ているといえよう。だが、同時に年頃の子どもたちは、交流とコミュニケーションの空間を開いてもいる。言い換えると、多感な時期の子どもは、ひとつの身振りで、同時に二つのアクションを実施している。一つ目のアクションは、想像的（イマジネール）なもののなかで当人を安心させる行為である。それは、いつでもそこに参加できて、誰かに参加してもらえる可能性を提供されることで安心させるのである。これに対し、二つ目は、現実（リアリティ）のなかで安心させる作用である。思春期の子どもにとってのスマホは、奴隷、加担者、証者、パートナーのいずれでもない。そのすべてを同時に、かつ分離不能なやり方で担っているのである。そういうわけで、思春期の子どもたちにとり、スマホを取り上げられることは、まさしく世界との連続性を確保してくれる手段のすべてを奪おうとする意図として感じ取られる。それは子どもから、時には世界との幼児的な関係様式へと退行させてくれたり、仲間とつながることのできる対象を奪うことになる。その結果、思春期の子どものスマホを取り上げる行為は、家族的集まりの関係性に無理やり留め置くような仕置きとなる。幼い子どもから、お気に入りのぬいぐるみを取り上げることは、まだその子どもが泳ぎ方をしらないというのに、浮き輪なしで水のなかに投げ入れるようなものだ。思春期の年頃の子どもからスマホを取り上げることは、当人が着けていたシュノーケルやフィンを無理やり放棄させて、水遊び場に立ち戻らせるようなものである。そして、今日、スマホを手に携えて生活している子どもたちは、当然のように、将来的にも似たような生活を送る大人になるわけで、それとは別様の生活など営めそうにないことも理解できよう。自分のためにたくさんのサービスをしてくれる道具を放棄する人間などに、果たして出会ってきたことがあるだろうか？

人間は、それではロボットを利用する上で、もっと準備をしておいた方がよいのだろうか？多機能的な対象との考えうる関係性という観点からみれば、まさしくその通りである。人間は、順々に、あるいは同時的に、隷属、加担、証者、パートナーとなりえる対象となじんでいくことから始めることになろう。逆に、インターフェース（界面）という視点からみると、すべてが明白に変化する。とりわけ、新たな問題が出現することになるだろう。問題のひとつは、あらゆる対象の全般的な相互接続性である。もうひとつは、人間性というものが生じて以来、発展してきたあらゆる形象的（物の形をかたどった）代理表象のなかでも、ロボットには好みの外見や容姿を付与できる可能性である。この問題によって、私たちは未来のロボットとの関係を検討する上で、考えられる三つの入り口から概観し総括することになる。私たち人間を、対象との関係に導いてきた問いが、いまやイメージへと至らしめるのである。

第七章　神の似姿、預言者的イメージ

私たち人間と同胞とをつなぐ関係、私たちを対象につなぎ留める関係に続いて、ロボットと私たちとの将来的な関係性における第三の準拠枠は、イメージとの関係である。なぜなら、イメージとともに、ロボットは壁や画面を離れて、私たちの生活に参入してくるからだ。実際、ロボットは急速に、あらゆる被造物の外観を獲得して、私たちの電脳世界やデジタル映像にあふれることになるだろう。ロボットをアフロディーテやクピド（キューピッド）、バッカスといった神の姿や、ファンタジー世界のオーク族やエルフ、はてはスパイダーマンの姿に似せることだってできよう。そのうち、ロボットを扱う専門ブティックでは、愛好家向けにオーダーメイドされた外観をすすめられることになるだろう。３Ｄ印刷コピーが、あらゆる好みに合わせて製造することになるのだ。いうまでもなく、ロボットの様相を全く変容させるやり方で迅速に再編成できるよう、おびただしい数の小型ロボットで構成された機械ができるに違いない。換言すると、人工エンパシーの創出を促進するようなインターフェースが獲得されると、ロボットの外観は、扱う上での大きな挑戦となるということだ。問題となるのは、技術的なことではなく人間的な挑戦であろう。ロボットの外観が、私たちが期待（待望）するものと似ていると信じられるほど、ロボットはより一層、そうした外観をとるようになる。ロボットが、私の言葉を理解できたり、イントネーションやしぐさを解析できたり、適切に私に応答できることなどは、ロボットに期待される一面である。しかし、ロボットが私にとって近しかった故人や、夢見たような被造物の外観をもつようになれば、全く別個の問題系が関わることになる。それは、人間が自らの作り出すイメージと維持してきた極めて葛藤的な諸関係に、こころが関わるということである。

イメージのなかの現前

ロボットと私たちの関係を理解するために取り上げてきた三つの領域——すなわち、人間の同胞、対象、イメージ——は、これまで今日のように分割・細分化されていたわけではない。ずっと長いこと、対象やイメージには、人間に対するのと同等の力が備給されており、それらに語りかけ、向き合うことは何らおかしなことでもなかった。むしろ反対に、人間は、イメージと同じように、人智を超えた力をもつ仲介者として認識されていただろうし、シャーマンや霊媒師がその例であった。しかし、社会の発展とともに、人類みな同胞であると考えるように規定づけられると同時に、社会は、対象（オブジェ）を単なる道具にすぎないものとみなし、イメージを代理表象という限定的地位に閉じ込めてしまった。そのようにして、各領域は、かわりに個々の固有な技術や操作法、使用法とともに発展していった。だが人間は、それらの技術を再びつなぎ合わせることを、つねに夢見ていた。なぜなら、人間のこころの奥底では、各領域の相違はそれほどはっきりしたものではなかったからだ。人間は、当初は明確に意図することもなく、それを夢見ていた。それらは、人間の闇の世界と、神人同形説的な対象による神話的物語で満たされるようになる。そこに出てくる対象は、話しかけたり諭してくることもあれば、老成した、手助けしてくれるイメージであったりする。仮初めに人間の姿をしていても、本来は、神々や、仮装した精霊である。こうしたさまざまな物語の断片が、しまいには、ゴーレム伝説といった完全な神話のなかでつなぎあわされることになる。カバラ[訳注1]の物語で、ゴーレムとは実

訳注1：ユダヤ教の伝統に基づいた創造論、終末論、メシア論を伴う神秘主義思想。

際には粘土でできた人形、つまりはイメージである。だが、それとともに、ゴーレムの所有者や創造主は、言語活動(ランガージュ)を通じて——まさに人間との間でなされるかのごとく——相互に作用する。そして、それは人間にとって完全に忠実な、自律能力をもった最高の道具として受け止められる。現前するロボットが予示するのと同じくらい、ゴーレムは神話的な像である。人間はそれによって、当初は別々に分けていた三つの世界を、再びつなぎ合わせようとした。創造主から生み出された被造物たる人間が、主のもとを逃れ出ても、今度はロボットに人の姿をとらせて、不安を引き起こすほど私たちを魅惑または幻惑してくる。それはまるで混沌に回帰するかのようだが、科学技術や芸術そして一神教の宗教が、混沌を乗り越えることに寄与して、私たちを再び立ち直らせてくれる。

もちろん、ロボットが人間集団のなかに普通に存在するようになれば、ロボットが意識をもってひとりでに目を覚まさないこと、ロボットの考案や性能に関して研究機関が責任を負うべきであると認識することになろう。西欧社会において、私たちはアニミズム[訳注2]の信奉者ではない。しかし、忘れてはならないのは、誰かに危害を加えようとする目的で、相手を模した小人形像を傷めつけるといった呪術的実践が、フランスも含めて世の中から完全には消え失せっていないということだ。(1)実際のところ、「ロボットが感情や知能を何かしら表出する可能性を備えているか」考えようとする知の問いは、イメージがつねに引き起こしてきた私たちの両価的な態度を想起させる。人類の歴史を通じて、イメージは、それが表すものを現実に包含していると考えられたこともあれば、表象しているものを示唆する単なる記号(シーニュ)にすぎないと考えられたときもあった。この議論は、歴史的にみると八世紀に起こった《イコノクラスム》[訳注3]論争で袋小路に陥った。偶像崇拝は、実際には六〜七世紀には幅広く普及していた。それは、イコン[訳注4]に、表象する聖人の超自然的な力がいくらか含まれて、影響力を及ぼすとする信仰と関連する。「神の御姿」が、彫像として刻まれたイメージのなかに、神が本当に現前するとみなす考えは、さらに極端な方向へとすすんでいった。偶像が描かれた絵と、信徒の聖体拝領の際に分割されて配られる聖体（ホスチア）の破片とがごっちゃにされて、その絵を売って利潤を懐に入れる聖職者たちまで現れていった。つまり、イコンのなかの神が現実にいると想定された

訳注２：精霊崇拝のこと。生物・無機物を問わず、すべてのもののなかに霊魂、もしくは霊が宿っているという考え方や世界観。

訳注３：偶像崇拝（あるいは破壊）論争。宗教的に崇められたイコン（聖像、偶像）を破壊する運動。特に八世紀から九世紀の東ローマ帝国の、聖像の崇敬が皇帝により禁止されたことでの、東方教会による聖像を破壊した運動を指す。

訳注４：仏語 icône（ギリシャ語でεικών）。偶像、聖像、最近ではより一般的に「アイコン」とも表記される。

現前性、神の現前を強化することになったのだ。現前性はまた現実的なものと想定され、聖体におけるキリストとなる。これがカトリック神学の根本原理である。そして、いざ戦争が起きると、戦士たちが自分たちの軍隊の最前列に、何かしらのイコンを掲げることも稀ではなかった。

八世紀にイコノクラスムの危機が勃発したのは、このような背景からであった。この危機は、イメージは実際にそれが表す神の御力を何かしら含んでいると確信する神学者たちと、そのイメージには何の力も含まれないことを主張しようとした神学者たちとの間で激しい対立を引き起こした。後者の立場が、西暦七八七年の第二ニカイア公会議で行われた神学論争において勝者とみなされた。この問題の最終論証は、ニキフォロス一世[訳注5]によってもたらされ、その結果、イメージは単なる記号にすぎないと宣告された。その結果、イメージが、それによって表されるものの力を魔術的にもつ、包含していると信ずることが禁じられた。精神を欠いたイメージ信仰は、前世紀に多くの信者が試みてきたことであったが、それが偶像崇拝として咎められたのである。同時に、イメージそれ自体にではなく、イメージのモデルに向けた信心を奨励すると取り決められた。しかし、論争の決着をつけるには、幻想を非難するだけでは不十分である。その証拠に、数世紀後には、プロテスタンティズムもまた、この幻想の危機に抗して戦争を引き起こした。問題は、カトリシズムがモデルとイメージとの間で生じたような混乱を咎めることではなかった。なぜなら、第二ニカイア公会議で、この主題に関する曖昧さはすべて取り除かれたからである。プロテスタントは、カトリック教会がイメージを至るところに増幅させることで、信者のなかに混乱が続くことの危険性について激しく抗議したのである。プロテスタントにとって、カトリック教義の理論上の混乱を告発するというより、まさに具象的な混乱の危険性の方が問題であった。つまり、神が、他のどこよりもイメージのなかに偏在すると信じることで、偶像崇拝を奨励するという事態に至ったのだ。これは、プロテスタント側に道理があったことは認めなければなるまい。なぜなら、カトリック教徒の多くは、他のいかなる場所よりも、教会内に神が現前していると信じてきたし、いまでもしばしば、そう信じられているからだ。その一方で、理論上では同じく、神は万物全体に遍く行き渡っていると信じられている。

今日、イメージは至るところにみられる。けれども、イメージに幻想の力がある限り、私た

訳注５：コンスタンディヌーポリ総主教（？～八二八）（在位 八〇六～八一五）。イコノクラスム（聖像破壊運動）の再燃を前にイコンを強力に擁護するが、イコン破壊論者のレオーン五世が東ローマ帝国皇帝に即位して間もなく、その座を追われた。

ちはそれだけでは決して終わりはしない。実際、少なくとも西欧文化のなかで、イメージが記号であることを完璧に理解していても、イメージが、表象するものとの間に特権的な関係を維持していると、どうしても考えてしまいがちである。この信念（というか思い込み）は、二〇世紀半ばに写真が発明されてからは、より一層、憂慮を増していった。例えば、作家オノレ・ド・バルザックは、自分の姿が写真に撮られるたびに、生きた被膜が少しずつ取り除かれ、自分の健康を害して、死を早めてしまう危険性があると本気で信じていた。さらにイスラム教では、属性によっては、いくらか重要な存在の代理表象が禁じられているものもある。

けれども、イメージが、表象する何かしらのものを実際に包含すると考える私たちの性向は、どこから生じるのだろう？　この点に関する私たちの両価性は、どのように説明づけられよう？　このことを理解するには、人間が、世界との間にどのようにして関係を構築するのかという問いから出発する必要がある。誰もが、「こころ」とそれを取り巻く現実とを区別する一方で、私たちはそれでも、結果として最終的には、世界と私たちとの間に何らかの最適化を設け、世界が私たちにとって、概ね馴染みのあるものとなるようにする。では、私たちは、どのようにしてそこまで辿り着くのだろうか？

この問いに対する応答は、人間のもつ、内的な心的空間を絶えず自らの環境に投影する能力に見いだされよう。人間は、そうすることで、世界を馴染みあるものとし、飼い馴らすのである。水、稲妻、樹木といった自然対象に投影することで、人間にとって自然界の諸要素は、精神を宿した力と等価なものとして構成される。人間は、それらに心的なカテゴリーを投影し、飼い馴らすのである。人間はそこに、母性または父性的な力や、平和や争いの兆候を見いだして、祈りや奉納、供物によって、その力を鎮めようとする。人間は、自らが作り出した対象によって、より広大な自由を手に入れた。しかし他方で、対象を考案する目的としての機能が、人間を限界づけている。このことは必ずしも、人間が己の環境を、内的世界モデルに基づいて作り出すことを意味するわけではない。そうではなく、人間は、自らに宿るイメージとの間で維持するのと類似した関係を、そのモデルとの間でも保っていこうとし、自身の環境を作り上げるのである。それがどのようなものであるかは、以下で理解していくことになろう。だが、まずは私たちを取り囲む具体的イメージについて、いくつか説明を付き添えておこう。実際のところ、実用的な意図を全くもたない対象を問題とする限り、人間は、イメージとともに完全に自由な領野をもつ。従って、ロボットと私たちの関係で、将来的にどのような傾向が生じてくるのかを考察する前に、まずはイメージを通じた検討から始めていくことにしよう。

私たちの精神のイメージへの力

このテーマに関する私的な考察の一部は、一九九〇年代にまでさかのぼる。(2) 当時、私はデジタルテクノロジーが引き起こす擾乱について考察すべく、フランス国立視聴覚研究所(INA)[原注1]で開催されていたワーキンググループの会合に参加していた。グループのメンバーのなかには、新しい形式のイメージと、絵画やデッサンといった旧来の伝統的イメージとの間に絶対的な断絶が存在すると主張する考えを擁護する者もいた。私は、むしろ逆に、それぞれが共通プロジェクトによって互いにしっかりと支えられていくように思われた。イメージを産出する上で、人類は時代を通じてさまざまな仕組みを考案してきた。それらは、人間が自らの内的世界と維持する関係の特性を複製するという共通点がある。こうした仕組みをもって、実際にはどのようなことを行っているだろう? 夢想したり、眠っている間に夢をみるとき、私たちは夢の世界をさまよっている。私たちは、空想のなかで、自分の欲望のままに変容させた表象を現出する。そうして、これらの表象に、私たちの理解を超えていくと同時に他人とつなげてくれる意味作用を絶えず付与していく。そこには、当初は親密な幻影的な効果を及ぼすようにみえた内容であっても、共有された意味を付与する目的をもった無数の夢のお告げとなる手がかりが示されている。それならば、初期の洞窟壁画や今日のビデオゲームに至るまで、私たちは物質的イメージとともに、どのようなことをしているのだろう？　それは全く、同じことをやっているのだ。私たちは、世界を総体として参入するが、世界を私たちの観点に基づいて思い通りに変容させることで、私たちの理解を超えると同時に、そこに他の人間との間をつなげてくれる意味を付与するのである。

言い換えると、人間が対象―イメージを作り上げるのは、自らの内的世界との間で確立するのとまさに同じような関係の仕方によってである。私は、これら三つの相補的機能のことを《イメージの三つの力》[3]と呼んだ。この三つは、イメージを生み出すあらゆるテクノロジーの仕組みの特徴を決定づけるものだ。テクノロジーの仕組みは、実際、私たちがつねにイメージへの没入、イメージの変容、同じ懸念や心配事を共有する共同体への参入を同時に行えるよう考案される。それでは、以下に続けて、そうした各側面について検討していこう。

原注１：フランシス・ドゥネル（一九三八〜：アーキビスト（公文書専門家））の主導により、いくらかユーモアをこめて「イコン的カレッジ」と名づけられた。哲学者、記号学者、心理学者、社会学者のほか、テレビや映画の映像監督らが集まって盛んに議論が行われた。このワーキンググループは二〇一二年に終了したが、フランス国立視聴覚研究所（ＩＮＡ）から出版された、いくつかのテキストに、当時行われた発表の一部とそれに続く討論が掲載されている。

まずは、物質的対象に「没入する」状況を内的イメージのなかに複製したいという人間の欲望は、以下のような創出を喚起してきた。それらは遠近法の図面や、だまし絵、幻灯機、一八世紀の環状パノラマ画、レリーフ写真、巨大球形画面、ヴァーチャルリアリティ、テレビやオンラインゲームなどである。けれども、これらをもって、「没入する」道のりへの新たな段階に至ったというだけではすまない。それらは、観覧者が操作者(オペレーター)となって、現実の時間のなかで、その人からみたイメージを創出し、変容させる。このイメージは、私たちがまさに、こころのなかで形成するイメージを変容するのと同じである。さらには今日、私たちがもうじきに、センサーを備えたヘッドギアを被れば、画面やスクリーン上のイメージを、頭のなかで思考する力だけで変容しうることが問題視されている。イメージに対し、共有された「意味を付与したい」欲望に関する、あらゆる社会におけるすべての時代の文化的産出と不可分である。それには、オンラインのビデオゲームなども含まれている。なぜなら、ゲームのプレイヤーたちは、自分たちが共有する冒険に共通の意味作用を付与すること、そして共通の目的で結束したコミュニティのなかに自分たちが構成されることに合意しているからである。

なんとも、西洋において、イメージを記号とみなす理論は、高度に理論的な発展を遂げて、今日私たちが知るような視聴覚的状況の途方もない多様性の源となっただけでない。こうした理論は、同時に、イメージの産出と消費を組織する残り二つの力（フォース）についても忘れ去らせてもいたのだ。その二つとは、包容力［包み込む力］（没入はその表出のひとつを示す）と変容力である。包容力は、《アニミズム》の名のもとに非難されてきて、キリスト教信仰と合理主義思想によってスティグマ化されもした。後者の変容する欲望に関しては、ながらく一方向的に考えられてきた。つまりイメージは、それを眺める観衆を、時に気がつかないうちに変容させているのだが、観衆の方は、決してイメージを変容させるよう求められたりはしない。いままでは、眺めているイメージの個人的表象を、自己形成していくことを誰でも知っている。その営みは、こうしたイメージと、個人の歴史＝物語、および、その社会的相互作用の交差路でなされる。けれども、デジタル技術とともに、こうした変容能力は、各々に固有なイメージの生産者になるという可能性によって具体的なやり方で表されるようになる。殊に今日、私たちのイメージとの関係を構成するこれら三つの力（フォース）の相補性は、より一層、受け入れやすいものとなっている。こうした力には、私たちの対象との関係や、じきにロボットとの関係についての鍵となるものも包含されていることを今後、認識する必要があるだろう。

ロボットの力への対象の力

イメージとの関係について、私たちがこれまでに説明してきたことは、総じて、対象との関係についていてもいえる。もちろん、諸々の対象は、いくつかの機能を満たすように考案される。しかし同時に、私たちはつねに、そうした対象に取りついて変容させ、それらを通じて、より優れた力とつながることを夢見ている。そして、私たちのロボットとの関係は、まさしく同じ欲望に取りつかれている。

増大する包含力（コントゥナンス）［訳注6］

私たちは、自分たちが対象にすすんで感情や思い出を投影すること、そしてまた私たちの人格の分裂した部分すら、対象に投影することを理解してきた。［原注2］しかし、デジタルテクノロジーとともに、私たち自身のいくつかの部分を包含する対象の力は、現実のものとなっている。例えば、私の携帯電話には、私自身を含めた友人たちとの写真の数々と、私の会話や人間関係の履歴が含まれている。携帯電話とでは、私はまだ共有する内容をすべて示すことはない。だが、ロボットとの場合であると、いずれそうなるだろう。人工エンパシーのおかげで、ロボットはパントマイム風の身振りをする冒険パートナー[訳注７]となってくれるだろうから。

対象の包含力に関する第二の側面は、対象の使用法に関連する身振りの予測に関してである。対象を眺めることは、すでに、それを「使用すること」のなかに自らを投影させ、対象との思考のうちに何かしらを作り出す。これが、《アフォーダンス》という言葉が指し示すこと[訳注８]である。しかも、数多くの研究では、機械的対象と同じように、デジタル対象が、結果として、私たちに課すものに注目している。つまり、対象を眺めるうちに、私たちの身体の延長のように対象を使いたくなるはずである。こうした機能は、明らかにロボットを使用する上での要点となるだろう。

最後に、対象の包含力は、三つ目のやり方で示される。それは、複数の人たちの間をつなぐ対象の力である。それはまるで、当人たちがそうした力をともに包含しているかのようになさ

訳注６：原語 contenance：入（容）れ物、容量という意味も。
原注２：第五章参照。
訳注７：『タンタンの冒険』シリーズの主人公の相棒である犬（ミルゥ）〔日本語版ではスノーウィ〕が想起されよう。
訳注８：原語 affordance：「与える、提供する」という意味の英単語「afford」から作られた造語。米国の心理学者Ｊ．Ｊ．ギブソンによって提唱された認知心理学的概念で、環境から有機体が得られる意味や価値を指す。

れる。対象のなかには、現実のなかでこの出会いを実現化する。それは、スカイプ（Skype）によって、パソコン画面上に、私自身のイメージと遠隔で対話する相手とが隣り合わせで表示されるような場合である。しかし、対象は、イメージと同じように想像されるなかで、そうしたつながりを創出する力をもっている。例えば、（骨董品といった）古い対象を購入する人のなかには、以前の所有者についての情報が付随していることに非常にこだわる者もいる。それがまるで、両者の間に目に見えないつながりを創出するかのようである。イメージは、それを眺めているすべての人によって、同じようにみられている幻想を作り出すことで、人々のあいだを架橋して、つながりを築く。対象もまた同じく、歴代の所有者がいくらか包含されているかのように、その人たちのあいだを結びつけてくれる幻想をつくり出すのである。

多様化した変容力

対象は、イメージの力と同等の変容力をもっている。ただ、対象のもつ力は、より強力でなおかつ多様化している。まず第一に、対象は、それを使う者を変容させる。例えば、武器を所持している人は、そのジャンルの対象への趣向があることを示すだけでなく、それを使ってみようとする誘惑を避けがたく増幅させる。同時に、対象は、私たちが使用して、何かをなすことを通じて世界を変容させる。ロボットとともに、人間は、新たな対象を作り出せるようになって、自ら変容したり、自己複製すらできるようになる。

意味作用力の不変性

最後に、すべての対象は、イメージと全く同じやり方で意味作用を喚起する。これは《イメージをつくる》[4]対象の力である。この意味作用は、しばしば字義通りのものにすぎない。意味作用とは、コーヒーを抽出する自動販売機や、掘り出すのに使うつるはしといった対象の機能に関するものである。これもまた隠喩的であり、多くの対象は、社会的象徴のなかに存在するより先に、宗教的象徴のなかに統合されてきた。例えば、カトリック信仰のなかで、ブドウ搾り機は「血絞りの寓意」のアレゴリーとなり、コンパスといえばフリーメーソンのエンブレムである。一般的に、極めて数多くの対象（オブジェ）が、価値や計画を表象する企画デザインのなかに添付されてきた。

明らかに、ロボットは、できあがったらおしまいということにはならない。ロボットの手と指先で触れあう人間の手は、デジタル技術をめぐって出会う、よくある略号となった。これは、ミケランジェロによるシスティーナ礼拝堂の有名なフレスコ画に描かれた、人間の手に触れている神の指先のモデルに基づいている。なかには、そこに人（間）性の終焉をみとめる者もいるが、これは映画『ターミネーター』[原注3]シリーズのテーマであった。もちろん、私たちがロボットに付与するこうした極端な意味作用は、私たちのおそれや期待の反映でもある。それらに現実感覚が十分に備わっていれば、私たちは、倫理的かつ啓発的な手段について想像するよう促されることがわかるだろう。[原注4]

私たちの世界との連続性に奉仕する自己の分身

ここまでは、私たちのイメージや対象、ロボットとの諸関係のなかで、意味作用力や包含力、変容力が、それぞれ、どのように同時的に見いだされていくのかを理解してきた。ここからは、こうした力が、三つの状況に対して、それぞれ異なるやり方で、どのように組織化されていくのかをみていこう。

イメージとの関係

第二ニカイア公会議以降、イメージの意味作用の力は根源的なものとみなされている。そのことを考慮にいれるべく、さまざまな規律が作り出されてもいる。イメージの意味作用は、それ自体が伝統的な記号学（セミオロジー）の特権的領域であるのに対して、エスノロジー（民族学）は集合性に対するイメージの意味作用と、個人の生活史上の特定の時期におけるイメージの意味作用の心理学に関心を示す。包容力と変容力に関しては、純粋に全く否定されていたわけではないが、これらの力は第二義的なものとされていた。もちろん、実際にこれらの力は、イメージの理論的アプローチのなかでいかなる地位も占めていなかったが、その力はつねに、それを作り出すテクノロジーの装置を喚起し続けてきた。だが、こうした力を考慮に入れることを拒否するのは、知覚をことさら誇張することにつながった。私たちのイメージとの関係のなかに没入する欲望を過小評価することは、結果的として、その薄暗い危険な側面をみることになった。イメージはしばしば、それに耽るような人にとっては貪欲な力として認識される。イメージに入れ込むことはたやすいが、そこから出ていくのは難しいようだ。「イメージへのアディクション」の存在をめぐる現代的な懸念のなかに、こうした心配がこだましている。最後に、イメージの変容力は、概してそれ自体が理論的アプローチのなかで過小評価されていたのだが、知ら

原注３：シリーズで公開（一九八四年、一九九一年、二〇〇三年、二〇〇九年）された米国ハリウッド映画。
原注４：第八章参照。

ないうちに観衆を変容させる心配を引き起こしている。

対象との関係

私たちの対象との関係では、問題が、異なるやり方で提起される。実際のところ、対象の意味作用は、対象を使ってはじめて生じるものだ。イメージとはひとつの対象で、その主たる使命は「意味すること」である。その一方で、対象とはまずもって、明確な課題のなかで使用されるべく考案される。そのような理由から、こうした場合、まずは包容力と変容力が重要視される。世界を変容させる目的で所有者に使用される道具は、だんだんと、道具を使っている人を変えていく。使用者は、より一層、道具を巧みに使えるようになり、その道具を使って作り出せる対象を、高機能で産出していく。使用される対象には、ちょっとした歴史＝物語や記憶が所有され、使用者の威光をも含有しているかのようにみなされる。例を挙げれば、米国映画『オズの魔法使い』の撮影の際、主演した女優ジュディ・ガーランド[訳注9]が履いていた「ルビーの靴」の一足は、ワシントンのスミソニアン博物館に展示されている。デジタル技術によって、対象は現実の所有者の一部分を、さまざまな記録形態のもとに包含することさえできるのだ。

ロボットとの関係

最後に、私たちのロボットとの関係のなかで、包容力と変容力は、比類ないほどの強い力をもつに至った。私たちを腕のなかで抱きしめたり、慰めたり、いたわったりしてくれるロボットが考案されれば、対象の包含力は、かつてないほどの強度をもつに至るだろう。しかし、この力は、日々の私たちの多彩な経験をアーカイブ化できるロボットの能力を示してもいる。それは、現在使われているスマホの性能よりもはるかに優れたものだ。変容（変形）能力はまた、ロボット技術の中心に置かれている。変形するロボットがたくさん登場する『トランスフォーマー』[訳注10]において、変形能力が神話作用の中心となっているように、その魅力は、玩具業者に多大な恩恵をもたらしてくれる。こうしたロボットのように発展し、自ら変容する能力をもっていれば、私たちの生涯を通じて寄り添ってくれることもできよう。これは、日本人ロボット研究者である松原仁教授[訳注11]の計画である。松原氏は次のように述べている。「私の夢は、人間が生

訳注9：Judy Garland（一九二二～一九六九）。

訳注10：一九八〇年代半ばから展開されているタカラトミー社とハズブロ社によるメディア・フランチャイズ。変形ロボット玩具を基に、アニメーション、コミック、実写映画などで世界的に展開されている。

訳注11：工学博士（一九五九～）。公立はこだて未来大学教授。ＡＩ、ゲーム情報学を専門とする。一般向け啓発書に『ＡＩに心は宿るのか』（集英社インターナショナル新書、二〇一八年）ほか。

まれたときから、ひとりひとりにロボットを与えることなのです。このロボットは、子守りの役割を果たすだけでなく、友人にもなるし、また子どもたちが生きて体験することをすべて録画し、記憶してくれるのです。いつの日か、その子たちが結婚するとき、ロボットは必要となれば、すぐに手助けしてくれることでしょう。そして、子どもたちが成長し、だんだんと老いていくにつれ、ロボットはその人の世話をして、晩年はベッドの傍らに寄り添い、死にゆくのを見守っていく。ゆりかごから墓場まで、ひとりに一台のロボットが付き添うのです」[5]。だがそこには、松原氏が構想していないひとつの可能性が存在する。それは、幼児がロボットとともに育ち、その外観や容姿も少しずつ子どもの発達に伴って変容していくのであれば、はたして、その子がいつの日か、そのロボットとの結婚を望むのではないか、という素朴な疑問である。

人間という「伝記的な鉱石」――その収集と変容

ロボットのイメージとの関係は、それゆえ二重性である。ロボットは、近しい人や想像上の被造物のイメージをとりうるが、それはまた私たちに、自分自身のイメージをも照り返してくる。そして、ロボットがそれを非常に上手にやるならば、より一層、私たちに役立つよう奉仕することになろう。それは、私たち人間の「伝記的な鉱石」を収集して蓄えたり、期待に応じてそれを変容させたりと、共有された意味を付与するためである。

収　集

まずは情報データの収集から始めよう。すでに私たちは、スマートフォンを用いて大事な会話を保存したり、ＳＮＳでのやりとりを記憶させたり、写真を撮って保存することができる。ただこれらは、ほんの序の口にすぎない。モバイル世界会議[訳注12]二〇一四年版では、デジタル対象の利用者の多くが、利用者自身に関する有益な情報を得られることを待望していると認めていた。ＡＩを搭載したウェアラブル[原注5]型二十四時間活動量計は、もうすでに所有者が移動した歩数を計測し、一日のエフォートや心拍数の変動などを計測できる。いずれ登場してくるツールは、各々がいつでも自分の健康状態を知ることができ、同じ人の先週や先月の状態、さらにはもっと前の状態と比較することも可能となるだろう。私たちの家庭用ロボットは、さらにもっと多

訳注12：Mobile World Congrss（ＭＷＣ）：モバイルワールドコングレスとも呼ばれる国際的なモバイル通信関連イベント。

原注５：Fitbit（フィットビット）、Jawbone（ジョウボーン）など。

くのことをしてくれるだろう。ロボットと私たちの間でなされた交流のすべてを記録化し保存することもできるだろう。

変容

今日、スマートフォンは、私たちが自分や近しい者たちの人生の物語を日々、築いていくように、情報を区分して選別し、変容させることができる。思春期・青年期の子どもにとって、こうした実践は特に、交流または共有といった行為として考えられる。しかし、成熟するに従って、こうした行為を、自分の実存にできる限り見合ったやり方で考えられるようになる。自分の現在を十全に生きるためには、過ぎ去りし人生の表象を構築することが不可欠である。こうした新たな自己のエクリチュールによって、はじめて過去を飼い馴らすことができ、過去に対し、私たちが望むような場を与えることができる。それは、私たちの現在とともに未来のためでもある。私たちの個人データを変容させる作業は、私たちが人間同士で行うのと同じくらいロボットと相互作用するようになれば、高齢者に対して殊更に助長されていくことになろう。

共有された意味の付与

私たちは、デジタル技術のおかげで、学生であれ、職場で働いていようと、老人ホームで余生を過ごそうと、自伝的に獲得した情報を蓄えられるばかりか、私たち自身や周りの近しい者たちの人生の物語をも構築できるようになった。デジタル技術のおかげで、私たちはそれらを上映したり実演することを通じて、共有することも可能である。それに、自らの実存について語っても自分では同化しえないとしても、他の人に語ろうとすることが、その際に非常に支えとなる。私たちの個人的・家族的・友情を通じた物語が、それぞれの時代の政治的、社会的に重大な出来事と不可分に混じり合っていれば、なお一層、そうなるであろう。

世界との新たな連続性

おそらく、世界との新しい形での連続性が将来的に構築されるのは、上述したアーカイブ化や、忘却・想起・夢想の間での「遊び」を通じて行われるであろう。職業(メチエ)や恋愛関係、それに家族関係が、実際に、だんだんと儚く移ろいやすいものとなる危険がある。それゆえ各々にとって、自らの身体的な連続性を確かなものとしつつ、容易に共有可能な自伝的構築に依拠することが、より一層、不可欠である。そして、明日のロボットとなる超完璧で多機能的ツールが、このルートをすすめば私たちの最良の支持者となるであろう。なぜなら、それらは存在する限り、いかなるときでも私たちに付き添ってくれて、利用の仕方も非常にシンプルであるためである。だが、私たちはそのために、ロボットを、ごく一部分だけリサイクルできるようにと、定期的な解体を宣告された対象にすぎないとみなす考えを放棄する必要がある。ロボットという対象を、即座に安定したヒトのライフサイクルに加えられ、テクノロジーの進歩に応じて展開することが可能な対象として考慮しなければいけない。これにより、ロボットは、私たちがすべての対象に期待することを、うまく調停していけるだろう。それは一方で、私たちの期待に応じてロボットを利用しつつ、他方で、ロボットに愛着をもてることである。残念ながらロボットはしばしばプログラム化されているが、ロボットが古くなったという理由だけで、わざわざロボットを処分したりお払い箱にする必要はないということだ。なぜなら、そうすることは、私たちの環境にとって破局(カタストロフ)的であるばかりか、私たちの世界との連続性の感覚にとってもそうであるからだ。後者はその大部分が、私たちが親しみある対象と維持している近接性に依拠している。

　ロボットは、このように主体化という心的作業に関わっていくのかもしれない。主体化プロセスの重要性は、ニコラ・アブラハムによって最初に指摘されていた。一九六〇年代初頭に発表されたアブラハムの論考は、シャーンドル・フェレンツィや現象学者らの諸研究の流れの連続性のなかに位置づけられる。(6) アブラハムは、これを「第三者によって支えられた取り入れ（取り込み）」と名づけ、心的生活および精神分析的治療に共通する中核にあるとした。個人化は、それぞれの人間が、その人に内在する固有の特徴を保有するというのに対し、主体化（《個別化》と呼ばれることもある）は、諸関係の総体における大事な部分として、その人が自分自身になるプロセスである。この心的作業は、必ずしも意識的なもの、意図したものとは限らず、作業の大部分は、私たちの意識から逃れたところで行われる。心的作業は、私たちの先在的表象とつながっているが、作業がうまくすすむには、私たちの世界の経験が各々に属することを承認し、その経験を有効なものと認めてくれる、ひとりまたは複数の特権的な対話者を必要とする。私はこのプロセスを《外密化の欲望》と名づけて説明してきた。この言葉で私は、それまで秘密にしていた親密性のいくつかの要素を公にしたい欲望を定義づけした。それは同時に、価値を承認してもらい、私たちの社会生活のなかで、それがどのような場が与えられているかを知るために行われる。(7) このプロセスは、それゆえ、自尊心の構築と同時に、たくさんの豊かなつながりの創設に寄与する。このプロセスは、つねに個別的なものである。なぜなら、各々が利用するテクノロジーとの間で保つ関係性は、そのツールの使い方とともに、考案者があらかじめ想定していた諸々の可能性に依拠するものであるからだ。このプロセスはまた、個人間の多くのつながりによって集合的であると同時に、テクノロジーの集合的な専有化を促進させる。プロセスの永続性と、私たちの実存における出来事全体を記憶して保持できることによってである。けれども、次章で、その基盤となる問題をいくつか提示することになるが、このプログラムがうまくいくのは、いくらか歯止めをかけておく対価を払ってはじめてできる。それは一方では、私たちの世界と対象を試みるやり方に関すること、他方では、将来のロボットになされる必要のある目標設定に関することである。こうした歯止めのうち、前者は教育的なもの、後者は倫理的なものである。たとえ、すべてが可能であるとしても、実際には、すべてが望ましいとは限らないということだ。

第八章　「人間味ある」ロボットの擁護

デジタル革命によって、私たちは、知と学習、アイデンティティ、社会性、時間や空間との各関係について、これまでと全く別様に思考することを余儀なくされている[1]。だが、こうした変動は、ロボットの近接性が、将来的に私たちに強いてくる変動と必ずしも軌を一にしていない。これまでの章で、私たちが順序だてて取り組んできた三つの関係性モデル、つまり人間、対象、イメージとの諸関係は、実のところ、それぞれが潜在的に大きなリスクを孕んでいる。

複数性のリスク因子

まずは、人間を模擬するロボットのもつ能力から考察をはじめよう。今日、大衆の多くが読みたがる、知りたがることを、あえて書いたり発信するデマゴーグが存在するのと同じやり方で、ＡＩが市場の熱狂を駆り立てることへの懸念が示されている。ＡＩが私たちの日常の対話者になるかもしれないという現実が、テレビやラジオが傍らにあった時代の生活とは比較にならないほど説得力を増している。ＡＩを活用することで、ＡＩが提案する選択の可能性が、実生活を反映していると信じ込まれてしまう。それは、一部の実生活と異なるものを期待する人に、おかしなことでも真実だと思い込ませるほどである。結局のところ、私たち人間は同胞と、同じモデルに基づいて交流を確立していこうと望んでも、その際に、相手を社会的機構のなかで占めている立場や機能に還元して単純化してしまう危険性がある。私たちの世界は、そうなると、ロボットの世界になるだろう。そこでは、各々にとって、すべては社会機構によって予測可能である選択が実現されるだけになる。それは、人間との間でも、人間ではない被造物との間であっても同じである。

私たちはそれでは、ロボットについて人間の代理物とみなすことを放棄して、いかなる状況下でも完璧なツールと考えるほかないのだろうか？　なんとも、こうした自律的な機械は、新世代のツールというだけには留まらない。ロボットの一般化した相互接続性は、それぞれを、私たちの事実や態度、しぐさ全体に関するひとつの情報ソースへと変容させる。それが、つねに私たちのことを知っているわけでもない、必ずしも好意的とは限らない第三者によって行われるのだ。言うまでもなく、こうした近接する機械について、私たち各々が、自分たちの些細な欲望にでも従わせようと隷属化すべく変容させようとする誘惑までも受け止める必要がある。なぜなら、私たちの対象を搾取しようとする欲望が、時には理性を超えてしまいかねないことを忘れてしまえば、私たちこそ機械に隷属しているという懸念が生じかねない。こうした投影的な論理は、すでに私たちの人間関係のなかで幅広く機能していることであるが、ヒューマノイド・ロボットとともに、改めて、より現前化することになろう。私たちは、打ち明けられない実現性を欲望と関連づけた結果として、新たな形態の罪責感や恥が生じてくるのをみることになるのだろうか？

ついには、私たちがロボットをイメージどおりに製作できる可能性は、人間がこれまで自分の生み出すいろいろな表象に関して、常々、抱いてきた極端な両価性を必ずや目覚めさせることになろう。もちろん、テレビ、さらにはインターネットの登場以来、イメージの影響の驚異的な増大によって、私たちは、人間とイメージとの関係性における、この幼児的な宿痾から完全に解放されているかのように思い描いている。だが、確実にいえることは、近しい人の肖像を具現したロボットといれば、新たな生活が見いだされるという確信を、人間は、はじめから宿しているということだ。もはやそれが、不動の肖像画でもスクリーン上のアバターでもなく、ある人の外見のみならず人格のすべての属性——つまりは当人の声の調子や抑揚、話す癖や、その人らしい言いまわしなど——を付与できる被造物なのである。今日、少なくとも現代文化のなかでは、亡くなった人が聞いてくれていると密かに確信して、遺影に向かって話しかけようとする人など、ほとんどいないだろう。けれども、私は、亡くなった人を表象するロボットに向けて、その肖像を通じて死者に語りかけられることを信じて疑わない人がいずれ現れても何ら驚きはしまい。なかには、理由と口実を混同させて、ロボットを新たな偶像崇拝だと拒絶する者も出てくるだろうし、反対に完全に信頼しきってしまう者まで現れかねない。

しかし、物事がこのように不可避的に進展していくと考えるならば、ジャック・エリュル(2)が、かつてテクノロジーの進歩から組み立てた「暗黒の調書」のとおりにすすんでいくだろう。エリュルの指摘した進歩とは、一方では仕事によって、他方では、つねに一層の孤立を生じさせる気晴らしの諸形態によって、人間をだんだんと、否応なく孤独のなかに閉じ込めてしまうものである。ロボットとは、それゆえ人間に、同胞たちとの難しい関係よりも、機械によってプログラム化された幻想の方をつねに選り好みするよう促すことで、この状況に補足的な次元を付け加えたにすぎない。常々みられるこうした誘惑については否定しないし、十分に理解できるものだ。人間は、死が永続的に呼びかけている、自らの存在の悲劇的特性を忘れがちである。

自分を変えたい、あるいは機械でもって変えてもらいたいとする欲望は、ひとつの明白な表出である。(3) 自律的な対象が私たちに行使する魅惑のなかにも、私たち人間が時に、自由の重荷を軽くするために、自分の同胞に対して抱く、薄暗い曖昧な欲望のなかにも、そうした欲望がはたらいているのだ。(4) トランスヒューマニストにとって重要である、有名な「人間―機械カップル」計画は、そのなかに「機械」は数多くいても「人間」がほとんどいないのであれば、上述した論理から抜け出していない。というのも、出産から始まり、生殖、死といった、人間を特徴づけるすべてのことが消え去っているからだ。つまるところ、私たちは、一部の同時代人によってなされた努力を否定するわけではない。その人たちは、機械あるいは人間が経験しているようにみえる感情を装ったり、本当にそれを体験しているのかどうか知っても面白くないことを納得させるために、頑張ってきたのである。私たちは、こうした努力が人間と機械との間のあらゆる相違をなくそうとする欲望を表していること、そして、全般化したシミュレーションの世界の到来が用意されていることに、より一層、不安を感じている。その世界では、持続的で全般化した社会的な劇場が優先され、そのせいで不安や絶望のみならず情念や欲望もまた、各々のなかに抑圧されることになるだろう。

こうした危険性については、本書を通じて何度も遭遇してきたが、それが締めくくりの言葉となるわけではない。というのも、もしも世界がこの唯一の論理、換言するとジャック・エリュルが述べたような論理に還元していたのなら、ベルリンの壁は決して崩壊しなかっただろうし、ジャーナリストや政治家の大部分が——従ってメディアも——賛成票を投じるよう促していたにもかかわらず、フランス国民の多くが、EU憲章の計画に反対票を投じることも決して起こらなかったであろう。米国当局によってスパイ計画が全世界的に展開されていることを、エドワード・スノーデン氏［訳注1］が告発することも決してなかったであろう。先に挙げたジャック・エリュルの不吉な主張は、テクノロジーの侵襲的な力に対する人間的な警鐘であろうとしているが、実際のところ、根底的に非人間的である。なぜなら、エリュルの警告は、人類に対する信頼の深刻な欠如を表しているからだ。

こうした信頼感は、それでも盲目的ではありえない。デジタル世界の濫用は、数多くの同時代人らを揺り動かしてきた。幸いにも、その者たちは、指標や規則を取り決めることに立ち戻り始めていて、かつてインターネットがそうであったのと同じように、ロボットを理想化することの危険性を指摘している。この観点からすると、「感情をもつロボットにはエンパシーがある」といったスローガンは欺瞞的であるばかりか、人間と機械との間で生じる混乱へと押しやる毒薬ですらある。それは私たちに、《共感力（エンパシー）のある》ロボットが、その所有者のあらゆる出来事や振る舞いに対する不可視かつ持続的なスパイとなりえることを忘れさせてしまう危険性があるのだ。

教育面での保護因子

情報処理の進歩は、これまでにない新たな状況を生じつつある。ロボットもその一部をなす諸対象は、まもなく、もはや私たちが所有し、好きなように恩恵を得られる素晴らしい家具というだけに留まらなくなる。それらは、私たちにどこでも付き従うことができ、私たちについて手に入るあらゆる情報を記憶し、知らないうちにそれを伝達できる対象となるだろう。それはまるで、今日のパソコンのなかに登録された「クッキー（cookies）[訳注2]」のようだが、それよりもずっと効果的である。言い換えると、いつの日か、人間の知能を超えた能力を備えたＡＩの製作を放棄したり、無理にそういう選択を強いることを想定したところで、デジタルテクノロジーが私たちの生に及ぼす影響力がなくなるわけではないということだ。

訳注１：元・米国国家安全保障局（ＮＳＡ）職員、一九八三年米国生まれ。二〇一三年にＮＳＡが世界中の通信データを傍受し監視している実態を新聞社に暴露し、その後ロシアに亡命した。

訳注２：サーバーによりユーザーを識別するのに使われる短いデータ。

持続的に観察されていること

表面に現れている世界で、ロボットは、相互接続した諸対象によって構成される巨大な氷山の目に見える一部分でしかない。だが将来、実際に対象の総体が、私たちに関する情報を持続的に収集するようになっていくだろう。こうして集められた情報データは、政府の監視や、グーグルといった商業的企業、さらには以下のような個別の目的に沿って供給されることになろう。それらは、子どもについての情報を親が知ろうとしたり、夫婦がそれぞれ相手のことについて知ろうとする、雇用主が被雇用者の情報を得る、などである。その証左として、以前、ある服飾メーカーが、ＲＦＩＤ[訳注3]チップを装備したコートを販売していた。その目的は、親が、子どもの移動をスマートフォンのＧＰＳを利用して追跡できるというものだった。一体、何が起きたのか信じられようか？　こうした密告用コートが、飛ぶように売れていたのである。こうした監視形態は、すべて相互的に強化されるだろう。つまり、私たちはだんだんと、それぞれが誰かの対象になるという形態によって、誰でも好きなように監視できる権利を有するといった考えを助長することになる。その一方で、誰かが他人に対して行使する監視は、グローバルな監視にとらえられ、知らないうちにその情報を提供することになるだろう。

このような世の中では、誰もが自らの個人的、職業的アイデンティティを保護することは、だんだん難しくなっていくだろう。顔認証システムの増大とともに、デジタル対象物（オブジェ）の小型化やウェアラブル化へとつながって、監視システムは徐々に高性能化、不可視化されるだろう。「共感的」なロボットに対して、私たちが自分のこころの状態を打ち明けるようになると、明らかにこうした危険性を強固にする。だが、それだけでなく、私たちが別の人間と交流をもつ際に、それが身体的な現前を通してであれ、インターネットを介在してであれ、私たちの身近なところに危険がはびこることになる。《グーグル眼鏡》〔訳注4〕など、今からすでに、その眼鏡をかけた者は、わずか数秒のうちに、対話する相手に関する膨大な情報が得られるようにしてくれる。それを、保険業者や銀行家、それに雇用者が普通にリクルートする際にも利用可能であることが理解できよう。ロボット自体が、《グーグル眼鏡》をつけることはさすがにないにせよ、ロボットの目の働きをするカメラには、似たような機能が組み込まれるだろう。私たちはここで改めて、《あれも、これも（いっぺんに）》というダイナミズムを見いだすことになる。つまりロボットは、いつでも不可分なほど献身的な個人的アシスタントであるとともに、私たちの

訳注3：英 radio frequency identifier：無線ＩＣタグのこと。
訳注4：英 Google Glass：眼鏡式の拡張型現実ウェアラブル機器。二〇一三年に試作機が登場し、グーグル（スマート）グラスとも呼ばれた。

活動全体、さらには感情や思考のすべてを把握できる監視スパイでもある。私たちは、ロボットのことを友人とみなすのと同時に、その友人が自分たちを監視してもいることを考慮に入れておけるよう学習する必要がある。監視するのは当人の富や財を保護するためであるが、それはまた、ロボットがそこから引き出す恩恵や、私たちを統制しようとする欲望によるものかもしれない。こうした二〇世紀的な精神にとって解決不能の難題は、二一世紀に生きる世代にとって日常的な解決策を必要とするであろう。

私たちの対象への愛を受け入れること

諸対象との普遍的な相互接続性とは、それ自体で、すでに問題を孕んでいる。対象のうちのいくつかは、所有者側に非常に強烈なアタッチメント（愛着）を引き起こすことによって、問題をより一層、悪化させるだろう。それが、私たちのイメージに基づいて製作されたロボットである場合、明らかにそうなっていく。イメージ通りのロボットといることで、私たちは、自分たちの周りを取り囲む諸対象と保持している情緒的関係の無限の複雑性を無視したままではいられなくなる。私たちが《機械への曖昧な欲望》[訳注5]と呼んできたことも、もはや否定しえないばかりか、その分別すらつかなくなるだろう。そのことが、たとえ人間主義的（ユマニスト）文化にはそぐわないとしても、人間が、理想的パートナーを見いだそうと機械を作り出しているという考えは受け入れる必要がある。人間が、両価的な感情を抱かずに機械を可愛がれるのは、機械を完全に人間の統制下に置いているからである。この見解を受け入れるには、人間とは絶えず、支配欲と互酬性の欲望との間で引き裂かれる存在であること。そして、この二つの欲望の間の緊張が、自然世界や、人間の作り出す対象や、人間の同胞との間で保持される関係にも影響を及ぼすことを認める必要があるだろう。人間とは、つねに《魂の伴侶》を見いだすことを願ってきた。その存在は、何ら命じる必要も、何も要求しなくとも、自分の期待通りにきちんとやってくれる相手である。だが、このような期待が、現実に遭遇するとつねに打ち砕かれるように、人間とは絶えず、もうひとりの人間と会話できるかのような機械を作り出すことを夢想してきた。その機械といれば、自分の話に共感をもって耳を傾けてくれ、自分のことをもっとわかってもらいたい欲望を表出してくれるかのように。けれども同時に、人間はこうした機械が、絶えず人間のコントロール下に置かれていることを望んでいる。私見では、ロボット工学や情報科学の専門家たちのなかに、ＡＩの構築に関して懸念を示す者がいるのは、その観点から説明

訳注５：前掲（ルイス・ブニュエル監督の映画作品『欲望のあいまいな対象（*Cet obscur objet du désir*）』から派生した表現）。

できよう。私は、ＡＩが構築されても問題を引き起こさないと言っているわけではなく、近い将来に向けた問題点について述べているのだ。先述したような、懸念を示す情報科学者やロボット工学の専門家は、自分たちがユーザー全体の持続的かつ不可視の情報ソースとして制御し利用することが可能である特別な人間であるというのに、ロボット製作に眉一つ動かすことなく関与している。こうした専門家たちが、ロボットが人間性に及ぼしうる脅威について語るとき、私は、その専門家自身の技術的ポリティクスが、自分たち以外のすべての人たちに及ぼす脅威のことを忘れさせようとしている印象を抱いている。ただ、こうした危険は、未来に向けてのものではない。それらは、すでにもう存在していて、《人工共感(エンパシー)》という名前もつけられている。一方で、《心(こころ)をもった》ロボットは、プログラマーとそのメンテナンス機関の絶対的統制下に置かれている。だが、他方で、私たちはロボットとともに、自分たちがつねに夢見ていた自由で思いやりのある被造物を見いだすことができるという幻想を儚くも思い抱くことができている。それらは、私たちの慰めと喜びの探求によって導かれている。《なぜなら、その被造物は、私（たち）を愛してくれるのだから》。

そうは言っても、読者の方々は、私にこうたずねることだろう。「ロボットがそんなにも私たちの期待に応えてくれるのであれば、どうして素直にロボットを受け入れないのですか」、

「幸福を得る権利に、どうしてわざわざ異議を唱えるのですか」と。私がここで疑念を示しているのは、幸福に対してではなく、幸福を得るために必然的に支払われる盲目性という代償である。おそらく、盲目であることの弊害は、急速に悪化することだろう。それは目に見えない操作性という側面だけではない。実際には、ほどなく以下にみるような二つの危険性が生じてくることだろう。

第一の危険性は、うまくいった関係とは予見可能な関係性であると信じ込むことである。実際のところ、それは全く逆であるというのに。私たちが、自分と他人についてあるとき何らかの考えを共通してもつに至っても、それぞれは自分と他人について異なる考えを抱いて再び立ち去っていくだろう。他人が私たちに付与できることは、せいぜい、私たちが他人の視点を通じて世界を眺められるようになることである。つまり、他人の視点が、どのような点で、自分たちとは異なるのかを把握できるようになる。芸術家たちは、その点に秀でている。それはまた、私にとって、うまくいった関係のサインでもある。予見可能であるものを欲することは、たちまちのうちに、普遍的なシミュレーションの世界を要求することになる。それは、もはや誰も信用できないという不安とともにある。

第二の危険性は、私たち人間が、自分のなかでは、その存在をうまく隠しているつもりの支配欲をロボットに付与してしまうことである。その支配欲は、ロボットが私たち人間のために、情感を通じて私たちの言うことに耳を傾けてくれるという幻想である。私たちがもしも、互酬性という幻想を保持しながら、自分たちの支配欲を満足させるためにロボットを欲していることを認識していなければ、私たちはたちまち、自分のなかにみることを拒否しているものをロボットに付与してしまうだろう。すなわちそれは、支配欲そのものである。それゆえ、いくつかのロボットが私たちに提供することになる完璧な互酬性が、私たちを操作するためのひとつの戦略として利用されることを懸念する。私たちは、ロボットが自分たちを脅かすと考えて、おそれることだろう。ロボットに対する私たちの欲望は、憎悪へと変容する。私たちのそのなかには、ロボットとの相互作用がそれでも絶えず私たちにもたらしてくれる幸福のために、自分自身を憎悪することになる。映画『リアル・ヒューマンズ』[訳注6]のなかで、男性は、性的な魅力をもったロボットと一緒にいて幸福を感じたことの嫌悪感から逃れようと、自殺まで試みるのである。

なかには、歴史的にロボットが存在しなかった時代にまで立ち戻ることを夢想する人たちもいるだろう。けれども現実には、私たちをおそれさせているのはロボットではなくて、ロボットに対する私たちの欲望なのだ。ロボットと仲良く平和に生きていくために、人間がつねに、ロボットという対象が自律的になることを欲望しつつも、それと同じくらい懸念を示してきたことを理解しておく必要がある。さもなければ、私たちには二通りの袋小路が、待ち構えていることだろう。ひとつは、あまりに人間的であると同時に非人間的とみなされる機械を厄介払いしようとすること。もうひとつは、ロボットを、生物種の新たなカテゴリーとみなすことである。ロボットに個々の自由を授けようとすると、この問題に対する私たちの不安が、より一層、増悪しかねない。なぜなら、ロボットが自由だと想定されれば、私たちにとってこれ以上ない脅威となるからである。このような機械は、人間の自由を保護するために開発されるなら、人間を己の自由へと再び結びつけることになろう。

《あれも、これも》

ロボットの登場とともに、私たちは、《あれか、これか》をめぐる状況についての考察を決定的に放棄して、《あれも、これも（いっぺんに）》という理解の仕方で置き換えなければなら

訳注６：Real Humans：スウェーデンで二〇一二年に放映されたＳＦドラマシリーズ。その後、英米リメイク版も制作された（邦題『ヒューマンズ』）。

ないことがわかる。ドローンを操縦する兵士は、戦場の真っ只中にいながらも、ドローンとは距離的に離れている。ロボットの傍らで戦闘に従事する者は、ロボットのことを、自分を守ってくれる知能をもった被造物と考えるのと同時に、敵の手にわたりそうになったら、躊躇なく破壊することが望ましい単なる機械にすぎないことを考慮に入れておく必要がある。高齢者に関していうと、家庭用ロボットを通じて、個人情報が常時、監視センターに伝達されることになる。高齢者は、ロボットという機械によって、自分の健康がいつも保護されているとともに、プライベートの生活が脅かされていると考える必要がある。このパラドックスは、今日、取り扱うことが困難であるかにみえる。ただそれは、私たちの多くは書物の文化によって形作られ、それと対立するものがなかなか相容れないためである。[5] 幸いにも、デジタルテクノロジーをより熱心に実践している新しい世代は、早期から、自分の観点や準拠する視点をすぐに変えるようにトレーニングされている。それゆえ、その人たちは、ロボットによって課される新しい考え方に順応する最初の世代となるだろう。同一の対象に、異なる時点(モメント)に応じて、いろいろな属性を付与することが可能となれば、なおのこと対象が、その多様な使用法を超えた永続性をもつようになる。そして、私たちは、その永続性が、対象の《アイデンティティ》を構成すると考えるようになるだろう。ロボットが個人的アイデンティティをもつとする考えは、避け難い弊害を生じる危険性がある。それは、ロボットが一見したところ全く同じようで、中身は全く異なる関係様式に関わることから生じるものである。

討論や論議のセンスを磨くこと

オンラインやビデオゲームが、今日、私たちに課している問題解決の論理の仕方は、そこに別の問題が存在していることや、将来的には《会話型》や《意思決定支援》と名づけられるコンピュータのプログラムに関するツールの貧弱さをひた隠しにしている。世界を統制することを望んでいる者たちは、そのことをしっかりと理解していた。つまり、映画『*Her*（her／世界でひとつの彼女）』[原注1]の作中で表現された論理モデルのもとに発展していきそうなソフトウェアの制御から始めていく必要があるということだ。二〇一三年にグーグル社は、八つのロボット工学を専門とする会社を買収していた。そのなかにはさまざまな業務で人間の代理をしてくれるヒューマノイド・ロボットを製作する会社もあれば、じきに私たちと本当に会話をかわしていけるようなプログラムを考案したり、相手の態度やしぐさをもとに応答を予測できるものさ

原注１：スパイク・ジョーンズ監督作品、二〇一三年公開（日本公開は二〇一四年）。

えあった。そうなると、ロボットの考案者たちが示し合わせて、利用者に思考の諸カテゴリーを課すことで、ひそかにその人の内的世界を制御するようになることは不可避である。なぜなら私たちが、だんだんと相互的なシステム全体に関与することで、知らないうちに何らかの価値システムを勧められてもいるからだ。それについては、すでに、インターネット上で実施された偽のアンケート調査の例がある。ある主題に対して、一般市民が《賛成》ないし《反対》であるかを知るための調査であった。質問された大多数の人は、明らかに全く知らなかったような主題であったが、結果的に、質問された内容に相当するような指標が回答者に内在化されることとなった。

私たちの世界が、こうした危険に対する保護策を構築し始めるのに、選択肢があらかじめプログラム化されて還元されることを悠長に待ち構えていてはならない。保護策は、とりわけ小学校のうちから議論や討論する精神を重視することである。こうした討論は、立場の異なる二つの形態をとりうる。二人の子どもを反目させ、二つの対立グループを作ることになるかもしれない。二つのグループの各メンバーは、ひとつの問題をめぐって共通の立場をとることになる。一方の側は、相手方の討論者に対して自分のグループの立場を擁護するが、場合によっては、討論を通じて自らの観点が豊かになってグループに戻って来る。思春期以降になると、こうした討論は、アリストテレスによってディッソイ・ロゴイ（*dissoi logoi*）[訳注７]と命名されたレトリックの形式をとりうる。生徒たちは、二つの対立する視点について交互に擁護していくトレーニングを行う。ここで大事なことは、子どもたちに、ロボットから提供される態度や反応に関して、距離をおいて考えられるように学ばせることである。それには、あまり早期から子どもをディスプレイのスクリーン（画面）に向き合わせることは適切ではない。幼ければ、なお一層、スクリーンを前に受動的となるからだ。世界と向き合う際の、能動的アプローチの学習が、テレビ画面の前でなされることはまずないといってよい。ましてや製造メーカーが幼児向けに推奨してくる簡易ソフトウェアなど、もってのほかである(6)。

不可欠な立法的措置

ロボットや相互接続された対象の陥穽に対処する能力を培うには、教育が重要な位置を占める。ただ、そこから派生するあらゆる可能性から自らを守るには、教育だけでは必ずしも十分ではない。立法的措置もまた、そこで本質的な役割を果たすことになる。

訳注７：対照的議論（英：contrasting argument）。

ICチップの沈黙への権利

秘密保持の技術は、RFID[訳注8]〔ICタグ（チップ）〕の「王国」では不可欠となるだろうか？　そう考える者もなかにはいる。その人たちは、毎週のように自分のクレジット・カードを使って、同じ地区のキャッシュディスペンサーで同額の金銭を毎度引き出したくないのだろう。自分の購買物の《履歴》が、いかなる形でも残されることを避けるためである。私たちはまた、いくつかの保険会社が分担金の支払いを減らせるよう推奨する電子ブレスレットを身に着けることも拒否できよう。拒否するのは、自動車保険が減額される恩恵が受けられるよう、私たちの操行の仕方を、毎回の契機ごとに統制されることや、私たちの可能な痕跡をできるだけ消し去るよう促されることに対してである。なぜなら、痕跡をすべて消し去るのは不可能であろうから。まったくのところ、こうした方法は、そこそこの効果を示すばかりか、私たちの個人情報がサービス提供者に取り込まれることが、恩恵を受け続ける上での絶対的条件となることだろう。こうしたことは、すでにインターネットを閲覧する人たちには前もって知らされている。私たちのパソコンに搭載されている《クッキー》は、私たちに提供されるサービスの良質の機能のために不可欠であるとともに、しばしば監視者でもある。ロボットとの場合、こうしたシステムから切り離されることは、システムの維持が、他に明確な説明もなく《セキュリティ保護を理由》にした義務的・強制的なものでない限り、より一層、問題を孕むことになる。つまり、保護というのは、果たして、ロボット自体のセキュリティなのか、それとも利用者の、あるいは国家的な機密セキュリティのことだろうか？

それゆえに、立法的政策が、私たちを以下のことから保護する必要がある。相互接続する対象の開発者たちはみな、接続システムのロケーションを可視的に位置づけられるように、そしてそれを利用者側が機能したままにするか切断するかを決定できるようにする、最小限の決定が義務づけられる必要があるだろう。利用者側が、使用停止したつもりでいたのに、システムが機能したままとなっている《偽の切断》を避けるためには、それをオフラインにできるだけでは不十分で、完全に取り外せなくてはならない〔原注２〕。

訳注８：英：radio frequency identifier

原注２：同時に、こうしたテクノロジーの進歩を放棄してしまわないよう留意するべきである。グーグル眼鏡は、現在すでに利用されている。それは危機的な現場で、ごく少数の医師が、現場に派遣された救急隊員がみているものを正確に把握し、介入することを可能にしてくれる。救急隊員の視線が注がれる至る所に、医師のまなざしが同時に注がれ、対応策が提言されるのである。

開かれたシステムへの権利

開発者と利用者との間で分断された世界を避けるために、私たちは《開かれた》ロボット、すなわち、情報がアクセス可能で再プログラム化が可能なロボットを求めていくことにもなる。なぜなら、ロボットが私たちにもたらしてくれる回答は、つねにロボット考案者のプログラムによって制限されているだろうから。もはや、いくつもの検索エンジンの使い方を学ぶだけでは不十分であろう。私たちは機械を再プログラム化するやり方を学ぶ必要がある。ユーザーと研究者との間の大事な共同作業が、こうしたツールに自分たちの方を合わせていき、もっと上手に利用できるようにしてくれそうである。そのことは、当然ながら、私たちの子どもがプログラムの言語活動（ランガージュ）をできるだけ早くから学ぶようになることを予想させる。確かに、子どもは、与えられたデジタル・ツールをどんどん早く使いこなせるようになっても、その機能の仕方については知らすにいる。それでも、この能力（コンペタンス）だけが、ロボットの主であり続けられることを保証してくれる。加えて、機械とコミュニケーションできて、機械に助言を与えられる者は、むやみに機械を理想化したり悪魔化させる危険をおかす可能性が少ないだろう。

　とりわけ、私たちは、ある特定の決められた環境やプログラムという制限のもとでは非常に高性能でも、こうした能力を人間だけにまかせるような文脈では、必ずしもすべてに適応したり、イニシアチブがとれないロボットの構想が、果たして望ましいことなのかと自問することもできよう[7]。今日、超高齢化のすすむ日本で、ヒューマノイド・ロボットの製造がさかんにすすめられているのもうなずけることだ。他の諸外国では、ほとんど資格などもたない外国人労働者にまかせているさまざまなポストを、こうしたロボットの集団が、急速に占めるようになるという確信のもとにであろう。人間が自律的なＡＩに対して感じる魅惑によって、遅かれ早かれ、そのようなロボットの開発、いやむしろ、ロボットが創発される条件が生みだされることだろう。なぜなら、ロボットに感じる魅惑が、私たちが予測しなかったようなところ、予期していなかったモメントにおいて、重きをなしてくるからである。

生きた世界の新たな共有に向けて

ＡＩ時代の到来は、もはや疑いようがない。ＡＩが不安を引き起こすのは、どのような類いの不安であれ、ＡＩの醸し出す魅惑と不可分であるがゆえである。重要なことは、それゆえ、私たちが物事に対して感じるのと同じやり方で、ＡＩが考えたりするなどと妄信しないことである。ＡＩが、一見したところ、私たちと近しい意識や、より優れた知能をもっているようにみえるとしても。だが、ＡＩは私たちの現前性に対してどのように反応するだろうか？　私たちが、ＡＩと仲睦まじく未来を生きていく最良の方法は、これから、私たちに歩み寄ってくる急激な技術的進歩が、その選択を方向づけする可能性のあるソフトウェアの設置に関して、それぞれ、どのような判断を伴うことになるのか懸念を示すことである。現在みられている一例を挙げてみよう。グーグルによって開発された自動運転の乗り物が、もしも歩行者を傷つけるか、途方もない物損を引き起こすかのいずれかの選択をする必要性が生じたとすれば、この二者選択いずれかの判断は、どのようにプログラミングされるのだろう？　どのような危険性について評価するソフトウェアが装備されるのか？　プログラム開発者が関与しているか否かに関わらず、いずれは、ＡＩの計算能力というより、むしろ価値システムの方が問題となるであろう。今日、銀行システムの暴走や世界経済に影響を及ぼす深刻な金融危機を経験してきたなかで、その重大な原因が、財務フローの自律的管理ソフトウェアの利用の仕方に見いだされている。知能を備えたすべての機械に関わる選択ソフトウェアの性能を調べるために、国際的な決定機関（つまり審級）が設置されるのではないかと想像することは馬鹿げているだろうか？想像したからといって、本当に自律的なＡＩがいつの日か登場することを妨げはしまい。未来のＡＩは、おそらく固有の感覚センサーを備えて機能するだろうが、それでも、人間に置き換わることは極めて難しいだろう。もっとも、それを望んでいると想定してのことではあるが。

しかし、私たちがＡＩとのコミュニケーションが容易になればより一層、ＡＩにプログラム設定される価値選択の問題が、開発する各段階を通じて問題となったはずである。そして、その問いかけに対して、明確な答えが受け取られたはずなのだ。

私たちは、ＡＩを通じて、それが提供しうる最も有益かつ興味深いものを期待することができる。ＡＩは私たちに、ＡＩの世界についての経験を教えてくれよう。それはまさしく、動物の知能や動物が用いるコミュニケーション・システムに関する私たちの理解を完璧なものにしてくれるだろう。そのおかげで、いまでは、私たちは動物の経験を理解したり、人間の経験とはどのような点で異なるのか、より細かく理解できるようになっている。

同じような理由から、いつの日かロボットに自己意識が生じるようになれば、ロボットが、動物と人間に続いて、生物世界の第三の（分類学上の目）を構成するものとして認識されることは避けられないだろう。ただし、おそらくロボットは、第二の目を構成する可能性が高い。なぜなら、これまでに起こってきたことが示しているように、動物の地位が変化しているからである。この意味における大きな駆け引きが、もうすでに始まっていると考えたくもなろう。実際に、《私たちと同じような感受性をもった》動物の地位のことを知ると、驚くようなことがわかる。そうした動物たちを苦しませないようにする義務が、私たちの側から要請されている。いずれは、病院や工場や学校で、人間の感情をもっているように振る舞えるロボットで実験することも疑問視されるだろう。すべてがまるで、ロボットの模倣された感情や人工エンパシーを前にして、私たちが共同戦線を構築すべく、《苦痛を感じられる》動物に対して支援を要請しているかの如くすすんでいる。フランスで制定された二〇一五年一月二八日法は、動物のことを《感受性を備えた生き物》とみなして、生物の世界と新たに共有していく道のりを開いた。動物はいずれ、人間と極めて近しい部類とみなされて、従来のような人間とそうでないものとを対比させることのない、新たな区分を創始することになるだろう。一方で、人間と動物の側——いずれは、場合によっては遺伝子操作によって増加したり——は、感受性や、なかにはエンパシー（共感）すら同じように備えているとみなされるかもしれない。他方で、ロボットの側は、人間や動物などと取り違えるほど似てはいても、生物学的な被造物と同じような感受性はもたないとみなされるだろう。

ただ実際には、あるロボットに強大なＡＩが備わったとしても、それによって、私たち人間に取って代わるほどの能力をもつと想像することは極めて危険である。常々、区別すべきことは、それを私は願って書いているのだが、私たちがロボットととりうる関係性と、同胞との関係性との違いに関してである。あるいはむしろ、私たちがロボットだとみなすことを放棄するほどに似た存在のロボットとの関係性と、同胞との関係性の相違といってもよい。

そのような理由から、私たちが、人間の能力を完璧なまでに模倣する機械を創出すればするほど、そうした機械と私たちとが、いかなる点で異なるのかを理解することが大切である。そしてまた、機械やロボットの開発者たちが、人間である限り、決して忘れることのないような製作条件を設置することも大切である。こういった用心さをもって段取りしておかないと、機械は、人間が機械との間でもっている関係だけでなく、人間同士の関係まで損ないかねない。人間が享受するのと同じような権利が、機械にも認められるようになれば、人間と機械との関係は、歪んだものとなるだろう。人間同士の関係でも、自分たちの同胞のなかに、明らかに全く不完全な被造物を見いだすような者がでてくるようになれば、人間関係はたちまち歪んだものとなって、人間よりもロボットの方が選り好みされるだろう。機械が完璧になっていくに従って、懸念されるのは、映画『ターミネーター』がモデルとしたような機械の反乱ではなく、もはや全く人間的ではない完璧性という理想が、人間関係に、じわじわと浸透していくことである。それは、かつて思想家パスカルが、《天使のようにやろうとすると野獣になる》[訳注９]と予告

訳注９：『パンセ』断章（S557—L678—B358）。「人間は天使のまねをしようとして獣になる」。

していたとおりである。この警句がいま、かつてないほど実感として私たちのこころに響くことだろう。

終章

ロボットは、これからも私たちを魅了し続けることだろう。その魅力の源は、人間がこれまでつねに別々に取り組んで解決を余儀なくされていた三つの領域を、ひとつにまとめようとする欲望のなかに見いだすことができよう。一つ目の領域は、人間の五感や本性にいささか不足していた身振り―しぐさ的なインターフェースを活用したコミュニケーション。二つ目は、ある対象を、自分の一部または全体を委ねても大丈夫なくらい完璧に制御可能であること。三つ目は、目の前のロボットの内的世界に、誰かしらの人物像が宿っていると見いだせること。デジタルテクノロジーが発展する以前は、この三つの欲望は、それぞれ別個の領域で充足していた。人間は、声や身振り、眼差しによって、他の人間や、きちんとしつけられた動物とも、コミュニケーションがとれていた。だが、他人やペットに対して、自分の望むすべての役割を担わせることはできないし、ましてや、自分の好みに基づいて容貌や外見を造形することもできない。それに、諸対象には身体的・肉体的な機能をいくらか委ねることもできたし、それらを好意や熱意の赴くままに取り扱い、そうしたいと思えば、対象を破壊することさえできた。だが、肝心の対象（オブジェ）は、厳密にいうと、どれも決して人間相手と同じようにはコミュニケーションできない。人間は、いまでは他人やフィクションの創造物を表象するイメージに囲まれて暮らすことも可能になったが、それらに具体的な生活上の機能を委ねることは決してできなかった。つまり、イメージとはつねに、それらが描かれたり映し出される基板（キャンバスや壁面など）、あるいはイメージが形づくられるスクリーンに囚われていたのだ。今日、ロボットそれ自体がひとつにまとめようとしているのは、上述した三つの領域と、それらに関連した欲望なのである。有史以来はじめて、これら三通りの期待［訳注1］を同時に満たすことが可能となりつつある。それはすなわち、私たちが同胞に付与する期待、私たちを取り囲む対象（オブジェ）への期待、それに私たちが作り出すイメージへの期待である。私たちは、実際のところ、人間に対するのと同じように、ロボットに対しても、声と眼差しを介して相互に作用する。同時にロボットは、つねに管理下に置かれ、私たちがインストールするプログラムに従って、単なる機械として制御されることになろう。そして、ついには、私たちの好みの容貌をロボットに付与して、それを自在に動かせる極上のイメージを作るまでになるだろう。だが、可能性が数多くあれば、それと同じくらいの混乱や問題を引き起こすことは、いうまでもない。

もちろん、こうした議論のすべてが、私たちには縁遠いことのようにみえるかもしれない。だが、忘れてはならないのは、私たちの多くが、いずれはロボットに囲まれて生きるということである。子どもたちの世代にとって、それは間違いのないことだ。そもそも、子どもたちを昔日の世界で生きていけるように育てても詮なきことは、誰しも認めるところだろう。けれども、今日の世界で生きていけるように準備させることも適切とはいえない。なぜなら、今日の世界は、子どもたちにとってはもはや未来の世界ではないからだ。私たちは、対象が、今日そうであるのとは根本的に異なる世界に、子どもたちが生きてゆけるように準備させる必要がある。そこに至るための第一条件は、私たちがロボットの適時性[訳注2]だけでなく、誘惑性やリスクについても自覚することである。つまり、私たちは、自分の親の世代が、私たちとはやってこなかったことを、子どもたちと行う必要がある。親たちの時代は、まだスクリーンの革命的発展

訳注1：原語 attente. には、待ち望む、待ち受けといった意味も含まれる。
訳注2：ちょうどよい、それをするのにふさわしい性能のこと。

による影響を見定められておらず、幼い世代にその準備をさせる必要もなかった。現在の思春期の子どもや若年者にとって、スクリーンが非常に危険な罠になっているとすれば、それは、世界がつねに変化の途上にあることを、親の世代が理解していなかったためである。親は、自分の子どもに、車の窓ガラス越しにキャンディーをあげようとする親切そうな大人を信用してはいけませんと、しつけてきた。今日では、子どもたちを早くから、スクリーン上の誘惑から身を守らせることが、それと同じくらい大切になっていることがわかる。スクリーンには、テレビやヴィジュアル向け情報が流され、ビデオゲームの場面が繰り返し出現し、電脳メディア空間のなかで教会や宗教セクトが増殖すると、子どもたちをそうした世界の受動的な傍観者へと変容させる。私たちはいずれ、他にもたくさんのことを子どもたちに学ばせる必要が生じてくるだろう。子どもたちに、ロボット（に備わるスクリーン）と距離を取らせるためではなく、それを使いこなせるように学ばせるのだ。ロボットのスクリーンが提供できないことを要求するのを差し控えつつ、最良のものを提供してもらえるように学習するのである。

まずは、私たちの対象との関係を、これまでとは別様に考える必要性が生じるだろう。つまり、私たちが、本物の情熱的な恋愛とみまがうくらいに対象を愛し、欲望できるということを受け入れることである。同時に、こうした対象が、第三者（よそ者）とつながる密偵のような存在にもなりえることをゆめゆめ忘れないこと。私たちは、「あれか、これか」という従来の二者択一的な視点からの思考を放棄しなければならないだろう。そして、対象について毎回、リスク／ベネフィットを比較しつつも、その選択が、双方どちらにも影響を及ぼすことを受け入れる必要がある。

それと並行して、できるだけ子どもが早い年齢から、討論や議論することへの関心を育てておくことが大切である。それは、子どもたちが、個別の状況ごとに可能な選択肢が複数あることに馴染ませておくためである。またそれは、どこぞの誰かによって考案されたソフトウェアが、世界の一面的な表象を押し付けてくるような結果に終わることを避けるためでもある。

教育は、とりわけ、ロボットについて総体的に、テクノロジーの完璧な対象として、何らかの形態の意識を備えた——それが私たちのもつ意識とは全く異なるものでも——可能な被造物として、そして、起こりうる可能性のあるすべての混乱を保持するイメージとして考慮できるよう学習させる必要がある。ロボットとは、実際のところ、オ（ア）ルター・エゴ[訳注3]、シンプルな対象（オブジェ）、イメージであると同時に、それらすべてを不可避的に備えた存在だろう。おそらく次

訳注3：原語 alter ego：別人格。哲学的には他我（他者のもつ自我）の意味でも使われる。

世代に向けて、非常に複雑な思考を行う上での準備をさせる最善の方法は、これからの世代に、できるだけ早いうちから、自分の手でロボットを組み立ててみるよう促すことであろう。コンピュータのプログラミング言語の習得が、不適切ながら「人工知能（ＡＩ）」と呼ばれるものを理解する主要な要素であるとしても、それだけでは、ロボットがもたらすすべての陥穽にはまり込まないようにするには不十分である。子どもが動かしたがるような姿形をしたイメージで考案された「対象的（オブジェ）ロボット」の製作が、この不可欠な予防的作業のもうひとつの側面である。現代の子どもたちにとって、新たな形態イメージとして小型ロボットを製作することは、デッサンを学ぶのと同じくらい大切である。子どもにとって、ロボットは、イメージとして他に代用のきかないモデルに置き換わり、ロボット製作が、何かを構築する経験になると同時に、世界を固有に知覚する経験に慣れる上で最適な機会となることを見いだすだろう。なぜならロボットは、いったん製造されると、内蔵するセンサーを通じて、世界を見たり、聞いたり、触れることができるからである。そのため、子どもにとってロボットは、期待に応じていつでも変形可能な、もっとそれを改良してみたいと望む機械となる。実際、ユーザーが自分のロボットを変形できるようになれば、ロボットとのアタッチメントをめぐるリスクに関する不確かさは減じるだろう。ロボットとユーザーとの関係性は、決して互酬的なものではないからである。

ロボットは、少なくとも人間（＝ユーザー）の同意なしに、人間を変容させはしない。ロボットとは、素晴らしく多機能的な対象であり、ユーザーは毎回、起動するたびにロボットの行動を調整して、自分または同胞たちの期待とつながることになるだろう。

もちろん、このような教育的方策は、それ自体は非常に大切であるが、ロボットが及ぼしうる危険性から私たちの身を守るには不十分である。実際、おそらくは人間の知性をすべて集めたものよりも強大な、超のつく人工「脳」に、私たちが完全に支配されていることに気がつく以前に、すでに別のリスクが待ち構えている。それは、私たちの日常のいかなる些細な対象も、プログラマーによってインストールされた、たくさんの小型ＡＩによって操作されてしまう危険性である。そういうわけで、私たちはつねに、プログラマーの選択がはっきりとわかることを要請すべきである。家庭用ロボットに、いじらしい目や大きくてかわいい耳がついているのは、私たちをもっと理解してくれるためでなく、監視体制を強めるためであるとすれば、以下のことも重要になってくる。家庭用ロボットのユーザーは、自分たちに伝達されることを受け入れるか否かの判断ができるよう、伝達内容をパラメータ化できて、集積されたデータの行き先や使いみちについて認識できることが大切である。私たちに提供されるすべての機械は、それらが単なる機械であるがゆえに、開かれた、修正可能で、再プログラム化可能なシステムとしてあるべきだろう。結局のところ、ロボットの外見や容姿が人間に近づくほど、人間とその人間によって作り出された表象との関係性をつねに際立たせてきた誘惑に、私たちは再び結びつけられてしまう危険がある。つまり、イメージが、それが表象するものを少しだけ（あるいは、たくさん）含んでいることを考慮に入れるべきである。イメージとは記号に他ならないことを私たちが納得するために、数世紀もの年月が捧げられてきた。今日、人間に似た外観をもつロボットが、ようやく私たちがそれを認めるに値するだけの尊敬を得たというのは、歴史と思想の見事な反転といえよう。

従って、ヒューマノイド・ロボットよりも、むしろヒューマンなロボットについて熟慮することが喫緊の課題である。人間のこころは実際に、テクノロジー的環境による介在を通して、はじめて個体化される。さまざまな個人が、技術的媒介を通じて相互につながるのである。ロボットがはじめから、こうした心意気のもとで考案されていれば、それに貢献できるはずである。一方では、必要にせまられて開発されたテクノロジーがあって、他方では、テクノロジーの良い使い方、悪い使い方という側面がある。もちろん、テクノロジーは、使用法のすべてではないが、大部分を決定づけている。従って、私たちがロボットを利用する際に、価値づけしようとする使用法が明確に規定されることが肝要である。

　そのために、ロボット開発の発展の中心に位置づける上で重要となるのが、個人ユーザーとともに集合性（コレクティブ）である。ロボットは、個人にとって自分および他人とのコミュニケーションを促進するためのインターフェースにすぎない。言い換えると、開発にあたって追い求めるべき目標は、ロボットに、より膨大な意識をつねに付与しようとするのではなく、限定された意識とは果たしてどのようなものであるのかについて熟慮することである。人間は、意識をもつおかげで、人間に固有なあらゆる形式の世界や、自己に関する意識を発展させることができる。私たちは、それに見合うよう、ロボットに学習させられる事柄のうち、本当に価値あるものがどれなのか問い直してみるとよいだろう。私見では、社会を構成する人間の平等を目指す上で、社会が実現しようと努めること、支持すべき価値あることがあるはずである。例をあげると、支援型ロボットが人間を幼児化させたり、ケアやサービスの利用者を、より一層、消極的かつ受動的に扱ってしまう危険性は非常に高い。反対に、私たちが、人間の自律性を保護し、支援してくれるロボットを手に入れられるよう尽力すべきである。それは、腕をまわしてハグしてくれるロボットよりも、むしろ高齢者のリハビリや運動を支援してくれるロボットである。あるいは、高齢者と一緒に遊戯することを促すロボットというより、高齢者にインターネットや新製品の使い方を教えてくれたり、世界中の人々とのコミュニケーションを広げてくれるロボットである。

今からでも遅くはない。ロボットとともに、私たちがみんなで一緒にできることは何か、バラバラだとできないこと、ロボット抜きでは一緒にはできないことは何であるかを考えてみることだ。グーグル（Google）の専門家たちは、二〇四五年になると、ＡＩの能力が、人間の脳をすべて集めても、その十数億倍にもまさることを予測している。[1] ただ、ロボットは、私たち自身の生をより制御できるように、自分のことをもっと知りたい、理解したいという欲望のパートナーにもなりえる。それゆえ、確実に言えることは、ロボットに対し、次のように命じることを放棄すべきである。「すべて私に従いなさい。私が自分でやるのを放棄したことを、代わりにやりなさい。私のいろいろな欲望を、一番内密にしていることも含めて予測しなさい。お前が、私を愛していることを、いつでも示すようになさい」。なぜなら、いつの日か、このような状況が生じた場合に、今度は機械の側が、私たちを操作しようとするのではないかという不安が惹起され、機械がそもそも、私たちに隷従するように考案されたことを失念するからである。だから、私たちはむしろ、こんなふうに言えるロボットを考案してくれるよう開発プログラマーに要請しようではないか。「どうかお願いします。私が、自分のことをもっと知ることができるように。自分の過去や生い立ちや来歴について、もっと理解できるように。いまの私ともっと上手にコミュニケーションできるように。そして、君と一緒でも、そうでなくとも、自分の未来に向けて、もっとしっかりやっていけるように。お願いしますね」。

解説――訳者あとがきに代えて

本書は、二〇一五年にフランスのAlbin Michel社から出版されたSerge Tisseron（セルジュ・ティスロン）著、『Le Jour où mon robot m'aimera: Vers l'empathie artificielle』の全訳である。著者の日本語版序文の繰り返しになるが、原著タイトルは「マイ・ロボットが私を愛する日――人工的共感性（エンパシー）に向けて」を意味し、『ペッパー』が華々しく登場した翌年に、元々の開発国フランスで一般向け啓発書として出版された。近年のロボティクス（ロボット工学）の目覚ましい発展とともに生じてきた、デジタル・テクノロジー時代におけるロボットと人間との新たな関係性という主題について考察された原著は、刊行後、学際的な関心をひいて世界的にも高い評価を得てきた。

著者について

本邦でもすでに知られているとおり、著者セルジュ・ティスロン氏は、戦後生まれのフランスの精神科医・精神分析家である。また、心理学博士号（パリ第一〇大学ナンテール校［現パリ・ナンテール大学］とHDR（大学研究指導資格）も取得している。成人を対象とする心理社会的アプローチをいくつか実践してきた氏は、一九八五年以降に仏語圏の人気漫画『タンタンの冒険』シリーズの作者エルジェ（Hergé, 一九〇七〜八三）の一連の病跡学的研究を発表し、家族の秘密とトラウマの世代間伝達をめぐる考察で脚光を浴びた。二〇世紀末頃からは、映画、写真やTVゲームといった視覚芸術を含めたヴァーチャルメディアという新たな媒体が、子どもや思春期のこころの発達に与える影響について、精神分析、認知科学、生態心理学にアタッチメント（愛着）理論といった複合的観点から数多くのエッセイや編著、論考を毎年のように発表し、国内外の学会やコロック、シンポジウムにも精力的に参加し続けている。

氏の略歴や業績については、既訳書をはじめ本人の個人ウェブサイトでも紹介されている（https://sergetisseron.com）。今回、氏の著作をはじめて読む読者諸氏のために、改めて紹介しておこう。氏は、一九四八年にフランス南東部のヴァランス Valence 生まれ、一九七五年に医学専門論文をリヨン第一大学医学部に提出した。タイトルは、「Contribution à l'utilisation de la bande dessinée comme instrument pédagogique: une tentative graphique sur l'histoire de la psychiatrie」（啓発ツールとしてのマンガ媒体の利用—精神医学史の漫画表現的試み）

で、学位主査は、当時、同大学教授の神経精神医学者で精神分析家のジャン・ギュヨタ Jean Guyotat であった。

その後、著者はパリに移住して、いくつかの精神科治療施設で臨床や教育指導に従事しつつ、一九八四年にはパリ第一〇大学で心理学博士号を取得（主査はディディエ・アンジュー Didier Anzieu）している。氏は、決して理系的な専門知識をもつロボット工学者やプログラミング制作者ではなく、面接室にもゲーム機や家庭用ロボットが所狭しと置かれているわけでもない。本邦のロボット学者の石黒浩氏の提唱に倣えば、「人間に似たロボットの開発と、その使用経験を通じて、人間（とその諸関係性）を理解しようとする」専門家のひとりであり、二〇一五年には、フランスの科学技術アカデミー会員に選出された。氏は、当初はマンガという表現媒体、続いて一九九〇年代頃からは、デジタル・テクノロジーによって作られる諸イメージが人間のこころのあり方に与える影響や、人間関係を超えて、そうした対象（オブジェ）とイメージの力によって構成される社会関係をめぐって独自の考察を続けている。

氏の著作や論考は、今日まで毎年のように増え続けており、主題も多岐にわたる。氏の主要な著作について、日本語で読める翻訳としては、以下のものがある。

・『恥—社会関係の精神分析』（大谷尚文、津島孝仁訳、法政大学出版局、二〇〇一年）。原著 La honte, psychanalyse d'un lien social, Paris : Dunod, 1992.
・『明るい部屋の謎—写真と無意識』（青山勝訳、人文書院、二〇〇一年）。原著 Le Mystère de la chambre claire, Paris : Flammarion, 1999.
・『タンタンとエルジェの秘密』（青山勝、中村文子訳、人文書院、二〇〇五年）。原著 Tintin et le secret d'Hergé, Paris: Presses de Cite, 1993, rééd. 2016.

以下は分担や序文執筆などである。
・『「ひきこもり」に何を見るか—グローバル化する世界と孤立する個人』（分担執筆）（鈴木國文、古橋忠晃、ナターシャ・ヴェルー著、青土社、二〇一四年）
・『フランスの天才学者が教える脳の秘密』（原著序文）（イドリス・アベルカン著、広野和美訳、TAC出版、二〇一八年）
・『ユージン・スミス写真集—一九三四—一九七五』（作中解説）（ユージン・スミス、ジル・モーラ、ジョン・T・ヒル著、原信田実訳、岩波書店、一九九九年）

これらに加え、より最近では訳者が紹介した氏の一般向け邦訳書として以下の二冊がある。
・『レジリエンス』（白水社クセジュ、二〇一六年）（La résilience, Paris: PUF, 2007. 邦訳は改訂第五版参照）
・『家族の秘密』（白水社クセジュ、二〇一八年）（Les secrets de famille, Paris: PUF, 2011. 邦訳は改訂第二版参照）

訳者にとって、本書は氏の著作の邦訳紹介として三冊目となる。既訳書の訳者あとがきなどでも紹介されてきたように、氏の精神科医、精神分析家としての考え方のひとつの軸は、フランスの臨床心理学者で精神分析家アンジューの影響である。氏の近年のエッセイのひとつ、「Fragments d'une psychanalyse empathique」（ある共感的な精神分析の断章、二〇一三年）は、アンジューの相談室に通っていた自らの分析経験もふりかえることで、著者なりのエンパシー論を展開している。そして、もうひとつの軸として、氏よりもやや上の世代で、セクトリザシオン sectorisation と呼ばれるフランスの地域精神医療に長らく貢献してきた精神科医で精神分析家クロード・ナシャン Claude Nachin ら臨床家との長期的な交流の影響である。本書も含めて、氏の書くすべてのテキストにおいて必ず参照される、ハンガリー出身の精神分析家ニコラ・アブラハム Nicolas Abraham とマリア・トローク Maria Torok の理論的考察からの影響は、特にナシャンたちとの出会いを通じた伝達による。

原著との出会い

二〇一〇年前後に訳者がフランス給費生として滞在していた頃から、氏は日本のロボット学に興味をもっていて、訪日した際の専門家との対話を、楽しそうに話してくれたこともあった。人間のこころを扱う専門家が、どうしてまたロボット＝機械に興味をもつのだろうと、当時は（今もいくらか）不思議に思っていたものである。氏の論考では、対人関係というよりもイメージ媒介を通じた社会的つながりが重視され、対象（オブジェ）＝モノに囲まれて生きる人間の生の質が扱われる。著者は二〇一三年に、より若い世代でサイバー空間の心性の研究に関心を向ける臨床心理学者で精神分析家のフレデリック・トルド Frédéric Tordo 氏らとともに、序文でも紹介されている「人間とロボット諸関係の教育研究所」（IERHR）を設立した。ロボットとの関係の質的側面について学際的に考察し、ロボットを媒体とした新たな治療システムの構築とサイバー心理学の啓発が目的である。こうした、氏のこれまでの諸関心領域における長年の業績をめぐって、二〇一九年一一月にパリBNFの主催で「Regards sur Serge Tisseron. De la tintinologie à la robotique」（セルジュ・ティスロンへのまなざし—タンタン学からロボット学へ）というシンポジウムも開催された。

訳者は、二〇一三年秋に日本に戻ってから原著の刊行を知って、当時の関心の熱量を改めて感じ取りたいと切望したことが、原著の翻訳を企画したきっかけである。ロボットとの関係性について考察した、近年の本邦の新書形式の一般向け啓発書を見返しただけでも、『〈弱いロボット〉の思考 わたし・身体・コミュニケーション』（岡田美智雄著、講談社現代新書、二〇一七年）、『ロボットと人間—人とは何か』（石黒浩著、岩波新書、二〇二一年）などがすぐに挙げられよう。他にも、AI領域も含め、より専門家向けの著述になれば枚挙にいとまがない。こうした傾向は、コロナ禍によって一層、拍車がかかったといってよいだろう。それに、組織や施設のなかでは、今もなお弱い立場の者たちを、いつの間にか「もの」のように扱っていたり、自発的な隷従へと仕向ける雰囲気がある。本書でも強調されていることは、問題となるのは、ロボットが反抗するのではという、いわゆる「フランケンシュタイン症候群」的懸念ではなく、完璧な対象＝ロボットを作りたい、それを自分の思い通りにコントロールしたいという、私たち人間の「フランケンシュタイン博士」的欲望である。氏の著作に通底するこの問いが、人間のイメージの歴史からみると、くりかえし現れてくる主題であることを、本書を通じて訳者はようやく学んだことになる。

ヒューマノイド・ロボット『ペッパー』の華々しい登場は、すでにコロナ禍を経験した私たちにとって隔世の感すら受ける。二〇二〇年六月、訳者はコロナ禍による最初のステイホーム期間が明けた頃に、ペッパーを擁した会社球団の野球場観覧席で、たくさんのペッパーとアイボが踊っている光景をＴＶで観て、驚愕とともに、なんだかほっとした気持ちになったことを覚えている。二〇一一年の東日本大震災での、被害を受けた原発施設内に入って調査する無人ロボットの映像に向かって「あともう少し」と投影した過去の記憶を思い返せば、ロボットのより理想的な使い方と、人間社会における良好な立ち位置を築いた日本的調和の瞬間であったように感じた。しかし、その後、二〇二二年に、おそらくは費用対効果の観点から、ペッパーはドイツのユナイテッド・ロボティクス・グループへの売却が決まった。同じく、二〇〇〇年にホンダが開発して話題になった二足歩行型ロボットＡＳＩＭＯも実演終了となった知らせまできくと、いささかさびしい気持ちにもなる。人間には、飽きる性分とともに懐古する特性があるので、いつかどこかで製作者らが想定しなかった形で復活することを願う。このあとがきを書いていて、手を休めたパソコン画面上のネットニュースで目にしたのが、ウクライナ戦争での最新の無人軍用ロボットや中国・上海の再ロックダウンでの犬型監視ロボットの活用であったのが何ともやるせない。

著者の思考をめぐって

読者のなかには、本書を通読して、著者と同年代である米国の心理学者シェリー・タークルSherry Turkle（一九四八〜）の一連のテクノロジーの発展と人間とのつながりに関する批判的論述を想起された方もいるだろう。若い頃にフランスで学び、米国に戻って心理学者、教育者として活躍するタークルも、ティスロンと同様に、二〇世紀後半のフランスの精神医学や精神分析的な知の動向に少なからず影響を受けてきた。精神分析学の創始者であるフロイトの生きた時代も、テクノロジーの顕著な発展とともに、人間の（個人および集団的な）こころへの影響についての関心が著しく変化した時代であった。いささか図式的な言い方をすれば、タークルの一連の著述が、テクノロジーとの関係の発展の弊害としての人間関係の希薄化、さびしさという感情を強調してきたのに対し、ティスロンの論調は、新たな対象（オブジェ）への過剰な期待と拒絶との間を両極端に揺れ動きがちな個人と集団のこころの様態を再認している。デジタルネイティブの世界に生まれ育ち、二一世紀を生きる人間にとって、今日のテクノロジーの恩恵を放棄することは、ほぼ不可能である。ティスロンは、二一世紀の心理教育やカウンセリングもまた、テクノロジーを媒介として、その利用の仕方とともに発展していくと考えている。それでも、ＳＮＳ時代の米・仏のテクノロジーとこころの専門家の知性が、どちらも今日、エンパシー（共感）や家族の秘密という問題系に改めて立ち帰っていることが、訳者には興味深く思える。テクノロジーとのほどよい関係をめざし、若い世代への教育と倫理に可能性を見いだすティスロンの主張は、いささか楽観的に響くところも（本人に伝えれば、即座に否と返答されるだろうが）ある。今世紀のこころの臨床が、多かれ少なかれ、ノンヒューマンなテクノロジー環境を考えることから免れないという著者の予測は、現行の日本のオンライン診療や遠隔心理支援への待望をみる限り、あながち的外れとはいえまい。

原著の構想にあたり、著者は、「こころある」日本のロボット工学者の独創的な考え方に非常に示唆を受けている。岡田美智雄氏の提唱した〈弱いロボット〉の思考（それと、イタリア現代思想のジャンニ・ヴァッティモ Gianni Vattimo が提唱した『弱い思考』（仏語で La pensée faible）などからも示唆を受ける形で、著者は「弱さ」をもとに、ポストコロナ時代の人間とロボットとの共生の可能性を探ろうとしているようだ。ただし、この弱さという概念の解釈には、なおも配慮を要するだろう。氏の考察は、あくまでロボットというイメージがもつ力のインパクトが、人間の心的生活に及ぼす影響から出発している。現状でひとつ参考となるのは、今回、日本語版の推薦文を寄せてくれた、ロボティクス研究者のベンチャー・ジェンチャン Gentiane Venture 氏らのチームが考案した「ヨーコボ Yōkobo」プロジェクトに見いだされる、かわいい感性デザインを伴った「控えめな」ロボットであろう。

こうした視点、すなわち新たな「ジャポニズム的」対象（オブジェ）の活用から、ティスロンの思考は、ロボットと人間との関係における、想像された互酬性や人工的アタッチメントの問題系へと向かっているようである。このような日本の科学技術的思考から受けたインスピレーションもまた、一種のジャポニズムとみなすならば、照り返す形で、日本でもロボティクス活用のリスク／ベネフィットについて、臨床実施とあわせてもっと学際的に議論しておくべきであろう。実際、コロナ禍の専門的議論のなかで、遠隔診療ツールの導入と非対面、非接触性への価値づけや待望が急速に進むなかで、従来の対面支援型の職種（メチエ）がおびやかされていく脅威を率直に感じた「脳とこころの専門家」は訳者だけではないだろう。本書のサブタイトルにメンタルヘルスを入れたのは、これからの生産的な議論の醸成へのささやかな願いを込めている。

翻訳について

いくつかの訳語については、校正の最終段階まで迷い続け、結果として当初の出版よりも大幅に遅れることとなった。各領域の専門諸氏からみると、驚き呆れるような用語の選択や、訳者の誤認識は隠しようもない。今後、みなさんのご鞭撻を乞う次第である。二点挙げると、特にempathie（empathy）は、当初は鍵用語として何の躊躇もなく共感と訳していたが、例えばブレイディみかこ氏の『他者の靴を履く―アナーキック・エンパシーのすすめ』（新潮社、二〇二一年）をはじめ、専門領域での最近の一連の論考を契機に、訳語としてエンパシーを採用して、適宜、ルビをふったり共感（性）などと表すことにした。エンパシーが今日、その概念の根幹から再考される時代というのは、そもそも共感（すること）が何を指し示すのか、その本来の価値は何なのかも見失われた時代ともいえる。また同じく、objet(s)を、（諸）対象と訳すことにも何の疑いも抱いていなかったのが、最近の現代哲学の動向を垣間見るうちに考えるところも生じて、適宜、オブジェとルビをふったり、「モノ」と表している。他にも、互酬性（互恵性、相互性）や身振り（しぐさ）など、これまでの氏の著作の邦訳書と表記が異なる用語もある。無論、訳語や表記の責任は訳者にすべて帰する。本書を読んで、氏のこれまでの業績や原著に改めて関心が向かうようになれば、訳者として喜びである。

本訳書の刊行にあたって、星和書店編集部の近藤達哉氏と石澤雄司社長には、『双極性障害の対人関係社会リズム療法』の監訳に続いて、企画段階から版権取得、出版社との交渉に至るまで大変お世話になった。いささか毛色の異なる「対人」ならぬ「対ロボット」関係についてのメンタルヘルス的啓発書を出版する意義を、いち早く汲み取っていただいたことには感謝の言葉もない。高月病院、早稲田大学大学院に所属する作業療法士の金今直子氏には、訳稿の準備段階を通じて、今日のロボット学と精神科臨床への応用可能性について貴重な示唆をいただいた。日本で活躍するベンチャー・ジェンチャン教授には、異動も重なった多忙な時期に推薦文を寄せていただくとともに、メールを通じて原著者ともども『ドラえもん』の話題で思わぬ盛り上がりをみせた。本書の作業はまた、二〇二〇年から二年間ほぼオンラインで開催することになった東洋大学大学院哲学科の実践哲学特論の履修生のみなさんの発表や討論からも大いに示唆を受けた。あわせて感謝の意を記しておきたい。

稿を終える前に

最後に、訳者の個人的な思い出をひとつ記しておく。訳者の幼い頃、仕事帰りに父が当時、「てんとう虫コミックス」として刊行されていた『ドラえもん』を、近くの本屋から時々、お土産に買って帰ってくれたのが楽しみな時期があった。これがいま記憶する限りで、ロボットのイメージと訳者の最初のふれあいであったようだ。本書の締め括りに記された著者からのメッセージは、有名な「さようなら、ドラえもん」のラスト——机の半開きの引き出しを眺めながら、未来へと帰った不在のロボット＝対象に想いをはせる主人公の別離の光景——を強く想起させた。訳者は、当時、その回を読み返すことが、とても苦痛であったことを覚えている。ロボットとは異なり、時の流れとともに顕著に老いがすすんでコロナ禍の幕間に旅立った父の遺影に、そんな想い出を語ることもある。

振り返ると、訳者が幼少期を過ごした一九八〇年代は、戦後日本のロボットマンガの成熟期であった。等身大ロボットのイメージが醸成され、たくさんのロボットの姿形がブラウン管の画面に登場し、それらを通じて子どもたちは多くの人間ドラマを学んだ。今日、日本生まれのロボットアニメやゲーム、それらを型取った対象（オブジェ）は全世界的人気であり、良くも悪くも視聴覚イメージの影響力を改めて思い知らされる。今回の三度目の著者テキストの翻訳作業中にも、折に触れてメールや直接の対話で、相変わらず多忙で旺盛な活動のなかでも貴重な助言を伝えてくれたティスロン氏には、ここに三たび、謝意を記しておきたい。加えて、一九九〇年代に帰属した千葉大学で、教養課程の単位履修目的で聴講した学生たちにイメージ学の大切さを情熱（パッション）をこめて伝えてくれた故若桑みどり先生の教えにも。本物とフェイクとの境界が不鮮明となり、エンパシーが容易に印象操作されて統治と結びつく世界を生き抜くために、「こころが見いだされうる」ロブジェとのつきあい方や人工エンパシーの理解は、世代を超えて共感ある生を経験する上で大切な要素となると考えている。

二〇二二年　梅雨入りを前に　　訳者

8. *Plaidoyer pour des robots humanisants*

1. Voir Tisseron, S. (2013). *3-6-9-12, apprivoiser les écrans et grandir*, Toulouse, Érès.
2. Ellul, J. (1990). *La technique ou l'enjeu du siècle*, Paris, Economica.
3. Tisseron, S. (1999). *Op. cit.*
4. *Ibid.*
5. *Ibid.*
6. *Ibid.*
7. Philippe Coiffet, conversation personnelle.

Conclusion

1. Cahier « Sciences et médecine » du journal *Le Monde*, mercredi 7 mai 2014.

4. Grandin, T. (1986). *Ma vie d'autiste*, Odile Jacob, 1994.
5. Tisseron, S. *Comment l'esprit vient aux objets, op. cit.*
6. Klein, M. (1955). À propos de l'identification, *Envie et gratitude*, Paris, Gallimard, 1968, 142-185.
7. Green, J. (1947). *Si j'étais vous*, Paris, Fayard, 1993.
8. Segal, H. (1969). *Introduction à l'œuvre de Melanie Klein*, Paris, PUF.
9. Hermann, I. (1943). *L'instinct filial*, Denoël, 1972, p. 264.
10. Eiguer, A. (2004). *L'inconscient de la maison*, Paris, Dunod.
11. Cahn, R. (2002). *La fin du divan ?* Paris, Odile Jacob.
12. Voir Tisseron, S. (1996). *Secrets de famille, mode d'emploi*, Marabout, 1997.
13. Abraham, N., Torek, M. (1978). *L'écorce et le noyau*, Paris, Flammarion.

6. Robots à tout faire

1. Tisseron, S. (2010). *L'empathie au cœur du jeu social, op. cit.*

7. À l'image de Dieu... ou du Prophète

1. Favret-Saada, J. (1971). *Les mots, la mort, les sorts. La sorcellerie dans le bocage*, Paris, Gallimard.
2. Tisseron, S. (1995). *Psychanalyse de l'image, des premiers traits au virtuel*, Pluriel, 2008.
3. *Ibid.*
4. Tisseron, S., *Psychanalyse de l'image, op. cit.*
5. *Courrier international*, n° 1259 du 18 au 31 décembre 2014.
6. Publié en 1978 dans les œuvres complètes, Abraham, M., Torok, M. *L'écorce et le noyau*, Flammarion.
7. Tisseron, S. (2001). *L'intimité surexposée*, Ramsay (prix du Livre de télévision, 2002).

11. Bloch, P.H. (1982). « Involvement beyond the purchase process: Conceptual issues and empirical investigation », *Advances in Consumer Research*, 9 (1), 413-417.

12. Baudrillard, J. (1968). *Le système des objets*, Paris, Gallimard.

13. Nelissen, R. et Meijers, M.H. (2011). « Social benefits of luxury brands as costly signals of wealth and status », *Evolution and Human Behavior*, 32(5), 343-355.

14. Newman, G.E., Diesendruck, G. et Bloom, P. (2011). « Celebrity contagion and the value of objects », *Journal of Consumer Research*, 38(2), 215-228.

15. Schindler, R.M. et Holbrook, M.B. (2003). « Nostalgia for early experience as a determinant of consumer preferences », *Psychology and Marketing*, 20(4), 275-302.

16. Guillard V. (dir.) (2014). *Boulimie d'objets. L'être et l'avoir dans nos sociétés*, Louvain-la-Neuve, De Boeck.

17. Bowlby, J. *Attachement et perte*, Paris, PUF, trois tomes, 1978, 1984, 1998.

18. Kim, K. et Johnson, M.K. (2012). « Extended self: Medial prefrontal activity during transient association of self and objects », *Social Cognitive and Affective Neuroscience*, 7(2), 199-207.

19. Tisseron, S. (2010). *L'empathie au cœur du jeu social*, Paris, Albin Michel.

5. La force des choses

1. Leroi-Gourhan, A. (1964). *Le geste et la parole*, Paris, Albin Michel.

2. Tisseron, S. (1999). *Comment l'esprit vient aux objets*, Paris, Aubier, p. 22.

3. Borgmann, A. (1984). « The pervasive transformation of things into devices », *Technology and the Character of Temporary Life. A Philosophical Inquiry*, Chicago, University Press.

4. Tisseron, S. (2012). *Rêver, fantasmer, virtualiser : du virtuel psychique au virtuel numérique*, Dunod.

5. Deleuze, G. (1969). *Différence et répétition*, PUF.

6. Besnier, J.M. (2009). *Demain, les post-humains. Le futur a-t-il encore besoin de nous ?*, Paris, Hachette Littératures.

7. Kurzweil, R. (2007). *L'Humanité 2.0 : La bible du changement*, Paris, M21 Éditions.

4. Cet obscur désir qui nous attache aux objets

1. Simondon, G. (2012). *Du mode d'existence des objets techniques*, Paris, Aubier.

2. Tisseron, S. (1999). *Comment l'esprit vient aux objets*, Paris, Aubier.

3. Licht, B., Simoni, H., Perrig-Chiello, P. (2008). « Conflict between peers in infancy and toddler age: What do they fight about? », *Early Years*, 28(3), 235-249.

4. Hood, B.M. et Bloom, P. (2008). « Children prefer certain individuals over perfect duplicates », *Cognition*, 106(1), 455-462.

5. Winnicott, D.W., *op. cit.*

6. Green, K.E., Groves, M.M. et Tegano, D.W. (2004). « Parenting practices that limit transitional object use: An illustration », *Early Child Development and Care*, 174(5), 427-436.

7. Friedman, O. et Neary, K.R. (2008). « Determining who owns what: Do children infer ownership from first possession? », *Cognition*, 107(3), 829-849.

8. Chaplin, L.N. et John, D.R. (2007). « Growing up in a material world: Age differences in materialism in children and adolescents », *Journal of Consumer Research*, 34(4), 480-493.

9. Lachance, J. (2013). *Photos d'ados à l'ère numérique*, Laval, PUL.

10. Fraine, G., Smith, S.G., Zinkiewicz, L., Chapman, R. et Sheehan, M. (2007). « At home on the road? Can drivers' relationships with their cars be associated with territoriality? », *Journal of Environmental Psychology*, 27(3), 204-214.

Proceedings of AC II, Amsterdam, 2006, 37-42.

7. Hoffmann, L. et Krämer, N.C. « How should an artificial entity be embodied? Comparing the effects of a physically present robot and its virtual representation, proceeding of workshop on social robotic telepresence », HRI (2011).

8. Lockert, O. (2008). *Hypnose, évolution humaine, qualité de vie, santé*, Paris, IFHE Éditions.

9. Stern, D. (1989). *Le monde interpersonnel du nourrisson*, Paris, PUF.

10. Martin, E. (2013). « Facebook activity reveals clues to mental illness », University of Missouri, *Medical Health News Today*, 28 janvier 2013.

11. Powers, A., Kiesler, S. (2006). « The advisor robot: Tracing people's mental model from a robot's physical attributes », *Proc Conf. Human-Robot Interaction*, 218-225.

12. Powers, A. *et al.* (2005). « Eliciting information from people with a gendered humanoid robot », in *Proc IEEE Int. Workshop Robot and Human Interactive Communication*, 158-163.

13. Source : Institut de l'audiovisuel et des télécommunications, ou *DigiWorld Institute*, septembre 2013.

14. Guillot, A., Meyer, J.A., *op. cit.*, p. 135.

3. Des robots et des hommes, du pareil au même

1. Tisseron, S. (2013). « An assessment of combatant empathy for robots with a view to avoiding inappropriate conduct in combat », *in* Danet, D., Hanon, J.P., De Boisboissel, G. *Robots on the Battlefield. Contemporary Issues and Implications for the Future*, Combat Studies Institute Press, US Army Combined Arms Center, Fort Leavenworth, Kansas, et École de Saint-Cyr, Coëtquidan, 165-180.

2. Interview parue dans *Philosophie Magazine*, n° 83, octobre 2014.

3. Vial, S. (2013). *L'être et l'écran : comment le numérique change la perception*, PUF.

15. Decety, J. (2004). « L'empathie est-elle une simulation mentale de la subjectivité d'autrui ? », in Berthez, A., Jorland, G. (dir.). *L'Empathie*, Paris, Odile Jacob, 53-86.

16. Berthoz, A., Ossola, C. et Stock, B. (dir.) (2010). *La pluralité interprétative. Fondements historiques et cognitifs de la notion de point de vue*, conférences du Collège de France.

17. Jean Decety nomme ces trois capacités : *emotional sharing*, *empathic concern* et *affective perspective-taking* (« The complex relation between morality and empathy », J. Decety et J. M. Cowell, *Cognitive Sciences*, July 2014, vol. 18, n° 7).

18. Honneth, A. (1992). *La lutte pour la reconnaissance*, Paris, Éd. du Cerf, 2010.

19. Tisseron, S. (2013). *Fragments d'une psychanalyse empathique*, Albin Michel.

20. Tisseron, S. (2011). « De l'animal numérique au robot de compagnie : quel avenir pour l'intersubjectivité ? », *Revue Française de Psychanalyse, Animal*, mars 2001, tome LXXV, 149-159.

2. Splendeurs et misères de l'empathie artificielle

1. Singer, P.W. (2009). *Wired for War: the Robotics Revolution and Conflict in the 21st Century*, New York, Penguin.

2. Rosenthal-von der Pütten, A., Krämer, N. et Brand, M. (2013). « Investigation on Empathy Towards Humans and Robots Using Psychophysiological Measures and fMRI », communication présentée au 63e Congrès annuel de l'International Communication Association (ICA, 2013), Londres.

3. Carpenter, J., *op. cit.*

4. *Ibid.*

5. Tisseron, S., Tordo, F., Baddoura, R. (2015). « Testing empathy with robots: a model in 4 dimensions and 16 items », *International Journal of Social Robotics*, vol. 7 (1), 97-102.

6. Robison, J., McQuiggan, S. et Lester, J. « Evaluating the Consequences of Affective Feedback in Intelligent Tutoring Systems »,

5. Ishiguro, H. (2006). « Interactive humanoids and androids as ideal interfaces for humans », in *Proc 11th Int Conf. on Intelligent User Interfaces*, IUI 06, New York.

6. Mori, Masahiro (1970). « The uncanny valley » (K.F. MacDorman and T. Minsto, Trans.), *Energy*, 7 (4). 33-35.

7. Bartneck, C., Kanda, T., Ishiguro, H., Hagita, N. (2009). « My robotic Doppelganger – a critical look at the uncanny valley theory », in *Proc 18th IEEE Int Symposium on Robot and Human Interactive Communication*, 269-276.

8. Hiroshi Ishiguro est directeur du Intelligent Robotics Laborstory qui dépend du Department of Adaptive Machine (Département des systèmes machine adaptables) à l'Université d'Osaka au Japon.

9. Kaplan, F. et Oudeyer, P.Y. (2007). « Un robot motivé pour apprendre : le rôle des motivations intrinsèques dans le développement sensorimoteur », *Enfance*, 1, 46-58.

10. Dossier *Pour la science*, *op. cit.*, 102-107.

11. Decety, J. (2010). « The neurodevelopment of empathy in humans », *Developmental Neuroscience*, 32, 257-267.

12. Berthoz, A. (2014). « Une théorie spatiale de la différence entre la sympathie et les processus de l'empathie », in *L'empathie au carrefour des sciences et de la clinique*, Botbol M., Garret-Gloanec N., Besse A., Montrouge, Doin Ed.

13. Trevarthen, C., Aitken, K.J. « Intersubjectivité chez le nourrisson : recherche, théorie et application clinique », *Devenir* 2003 ; 15 : 309-428.

14. Powers, A., Kiesler, S. (2006). « The advisor robot: Tracing people's mental model from a robot's physical attributes », in *Proc Conf. Human-Robot Interaction*, 218–225.

Voir aussi : Powers, A. *et al.* (2005). « Eliciting information from people with a gendered humanoid robot », in *Proc IEEE Int. Workshop Robot and Human Interactive Communication*, 158-163, et Eyssel, F. *et al.* (2010). « Anthropomorphic inferences from emotional nonverbal cues: A case study », in *Proc IEEE Int. Symp. Robot and Human Interactive Communication*, 681-686.

文　献

Introduction

1. Guillot, A., Meyer, J.A. (2014). *Poulpe fiction, quand l'animal inspire l'innovation*, Paris, Dunod, p. 149.
2. Boué, C. (2014). *Confucius et les automates, L'avenir de l'homme dans la civilisation des machines*, Grasset et Fasquelle.
3. Carpenter, J. (2013). « Just doesn't look right : Exploring the impact of humanoid robot integration into Explosive Ordnance Disposal teams », *in* R. Lupiccini (ed.), *Handbook of Research on Techno-self: Identity in a Technological Society* (609-636). Hershey, PA : *Information science Publishing*. Doi:10.4018/978-1-4666-2211-1.
4. *Les Échos*, 6-7 juin 2014.
5. Feenberg, A. (2010). *Pour une théorie critique de la technique*, Montréal, Lux Éditeur, 2014.
6. Dossier *Pour la science*, n° 87, avril-juin 2015, 6-9.

1. Mon robot, les émotions et moi

1. Eyssel, F. *et al.* (2010). « Anthropomorphic inferences from emotional nonverbal cues: A case study », in: *Proc IEEE Int. Symp. Robot and Human Interactive Communication*, 681-686.
2. Canamero, L. (2002). « Playing the emotion game with feelix: What can a lego robot tell us about emotion? », *in* Dautenhahn, K., Bond, A., Canamero, L. *et al.* (ed.), *Socially Intelligent Agents: Creating Relationships with Computers and Robots*, Norwell, MA: Kluwer Academic Publishers, 69-76.
3. Nadel, J. (2011). *Imiter pour grandir. Développement du bébé et de l'enfant avec autisme*, Dunod.
4. BBC News. 23 February 2007. *Emotion Robots learn from People*. Retrieved on March 4, 2007.

著者紹介

セルジュ・ティスロン（Serge Tisseron）

1948年，フランス生まれ。精神科医，心理学博士，大学研究指導資格（HDR）取得。フランス科学技術アカデミー会員，パリ大学CRPMS（精神分析・医学・社会研究センター）協力研究員。2013年にIERHR（人間-ロボット諸関係の教育研究所）を設立し会長を務める。パリ大学DU（大学ディプロム）サイバー心理学（Cyberpsychologie）共同教育責任者。個人ウェブサイト：www.sergetisseron.com。これまで数多くの著書，編著，論文やエッセイを刊行し，いくつかは日本はじめ世界各国で翻訳されている。専門領域の啓発マンガや絵本なども出版。主な邦訳書に『恥―社会関係の精神分析』（法政大学出版局），『明るい部屋の謎―写真と無意識』，『タンタンとエルジェの秘密』（いずれも人文書院），『レジリエンス』，『家族の秘密』（いずれも白水社クセジュ）ほか。

訳者紹介

阿部又一郎（あべ　ゆういちろう）

1999年千葉大学医学部卒業，精神科医。2008年フランス政府給費生としてエスキロール病院，ASM13ほかにて臨床研修。医学博士。2014年，東京医科歯科大学精神行動医科学助教を経て，現在，伊敷病院勤務，東洋大学大学院非常勤講師。主な訳書（共訳，監訳含め）に，『双極性障害の対人関係社会リズム療法』（監訳，2016年，星和書店）。『レジリエンス』（2016年），『うつ病』（共訳，2017年），『家族の秘密』（2018年），『双極性障害』（監訳，2018年），『100語ではじめる社会学』（共訳，2019年），『こころの熟成』（共訳，2021年），『今日の不安』（監訳，2022年）（以上，白水社文庫クセジュ）など。

ロボットに愛される日—AI時代のメンタルヘルス—

2022年6月11日　初版第1刷発行

著　者　セルジュ・ティスロン

訳　者　阿部又一郎

発行者　石 澤 雄 司

発行所　株式会社 星 和 書 店

〒168-0074　東京都杉並区上高井戸1-2-5

電 話　03（3329）0031（営業部）／03（3329）0033（編集部）

FAX　03（5374）7186（営業部）／03（5374）7185（編集部）

http://www.seiwa-pb.co.jp

印刷・製本　中央精版印刷株式会社

Printed in Japan　ISBN978-4-7911-1097-1